HERBORISATIONS

A LA BOURBOULE ET AU MONT-DORE

PAR

Francisque MOREL

Extrait des Annales de la Société botanique de Lyon.

LYON

ASSOCIATION TYPOGRAPHIQUE

F. PLAN, RUE DE LA BARRE, 12

1887

HERBORISATIONS

A LA BOURBOULE ET AU MONT-DORE

PAR

Francisque MOREL

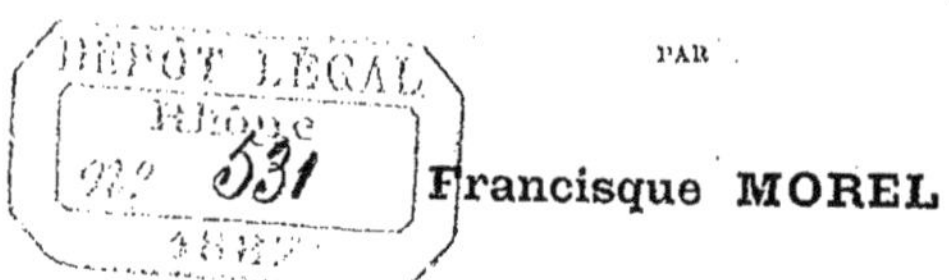

Dans le courant de l'été dernier, après avoir préparé avec beaucoup de soins, de patience et de travail, un voyage d'exploration botanique dans une région peu connue des hautes montagnes de la Savoie, j'échouai certain soir de juillet dans une petite ville d'eaux, en pleine Auvergne volcanique et thermale.

Trois lignes de l'écriture d'un médecin avaient suffi pour opérer ce revirement et me ramener des bords escarpés de l'Isère aux rivages touffus de la Dordogne.

Certes, je suis tenu à une grande réserve en parlant des prescriptions de la médecine dans une assemblée qui compte tant de médecins distingués ; aussi je me garderai bien de déclarer excessifs les droits que ceux-ci s'arrogent sur leurs malheureux clients au nom d'une science qui ne garantit pas le succès en échange de l'obéissance qu'elle impose.

Donc le 8 juillet, entre six et sept heures du soir, nous atterrions à la Bourboule, sous la protection de la gendarmerie, qui prêtait son œil vigilant à la répartition équitable de tous les voyageurs entre le nombreux personnel des hôtels de la localité. Après avoir traversé, sans trop de peine, grâce à la présence des « jaunes baudriers », cette domesticité bruyante, agitée de convoitises rivales, nous gagnons rapidement, sur le bord de la Dordogne, l'hôtel qui nous a été recommandé.

La journée avait été orageuse ; à la chaleur qui nous avait accablés dans les plaines, succédait sur ces hauteurs un froid humide et pénétrant ; de lourdes nuées se traînaient sur les flancs des montagnes, voilant les sommets. Dans le salon de l'hôtel un grand feu allumé réunissait les baigneurs comme pour une veillée d'hiver ; car nous sommes dans un pays où il n'y a de véritable été que par le soleil ; bien qu'au fond d'une vallée, le sol que nous foulons se trouve à 850 mètres au-dessus du niveau de la mer, dans une faille étroite et peu profonde d'un des hauts plateaux arvernes.

Cette terre est l'une des plus vieilles du monde, elle émergeait déjà des flots quand ceux-ci couvraient encore la plus grande partie de l'Europe moderne, et formait avec la Bretagne, les Ardennes, le Hartz, les Asturies, l'Irlande et une partie de l'É- cosse et des Alpes, et diverses îles ou archipels moins impor- tants, les fragments du futur continent. Partout ailleurs c'était la mer, la mer s'étendant jusqu'aux rivages lointains de la Scandinavie.

Aujourd'hui encore, l'Auvergne représente une grande île granitique, complètement entourée de calcaires jurassiques et de terrains tertiaires et crétacés, occupant le lit des anciennes mers.

Peu de pays ont été aussi soigneusement étudiés que celui- ci ; les révolutions dont il a été tour à tour le théâtre de la part des éléments et des hommes le signalent naturellement à l'attention des historiens et des naturalistes. Ces derniers sont les seuls dont nous ayons à nous occuper. Parmi les plus illustres il faut compter le chevalier de Lamarck qui consigna ses découvertes dans la première édition de la *Flore française* ; Ramond, si connu par ses travaux sur les Pyrénées, et qui fut l'administrateur et l'explorateur de ce magnifique domaine ; Delarbre, prêtre et médecin, qui publia en 1797 une *Flore d'Au- vergne ou Recueil des plantes de cette « ci-devant » province* ; le comte de Montlausier, à qui ces cratères éteints inspirèrent sa *Théorie des volcans* ; enfin Henri Lecoq dont l'œuvre est un monument impérissable élevé à la gloire de la Botanique et de la Géologie.

D'autres collaborateurs plus modestes méritent de trouver place à côté de ces noms célèbres : Chomel, qui laissa dans les *Mémoires* et l'*Histoire de l'Académie des sciences de Paris* les descriptions et d'excellentes figures des plantes rares du Mont- Dore et du Cantal ; dom François-Emmanuel Fournéault, savant bénédictin et Le Monnier, qui publièrent chacun un catalogue sur la Flore d'Auvergne ; Antoine Charles, de Gannat, dont le nom se trouve souvent cité dans le *Botanicon parisiense* de Vaillant, et enfin Lamotte, à qui revient une grande part dans l'œuvre considérable de Lecoq, du moins en ce qui touche à la Botanique.

De plus, la Société botanique de France tint à Clermont-Ferrand sa première session extraordinaire en 1856, et un grand nombre de ses membres qui y prirent part se livrèrent, sous la direction de H. Lecoq, à l'étude des localités les plus intéressantes de ce riche département,

Je ne pouvais donc conserver aucun espoir, en abordant pour la première fois un pays si complètement connu, d'y observer des faits nouveaux ou d'y découvrir une plante inédite; ma seule ambition était de parcourir à la suite de mes illustres devanciers les lieux qui les ont inspirés et de puiser aux mêmes sources qu'eux et pour ainsi dire à leur contact ces douces et saines sensations qui réchauffent l'âme et reposent l'esprit.

9 *juillet*. LA BOURBOULE ET SES ENVIRONS. — Le lendemain le vent du nord ayant balayé les nuages, les souples ondulations des montagnes se profilaient dans l'atmosphère purifiée par les orages des jours précédents. Seule, dans la direction de l'est, une grosse masse de brouillards roulant sur elle-même s'obstina pendant quelques heures à voiler les sommets qui entourent le Mont-Dore jusqu'à ce qu'elle disparût à son tour, emportée dans les airs comme une draperie qui se déchire.

J'étais dehors, sur la promenade, assistant à ce magnifique lever de rideau, et cherchant, ma carte à la main, les noms de tous ces rochers, bois, prairies, qui s'étagent en gradins successifs de chaque côté de la vallée, lorsque je fus abordé par un monsieur, d'aspect fort respectable, d'âge avancé et portant la rosette de la Légion d'honneur ; c'était l'un des administrateurs de la Compagnie. Comprenant ma préoccupation, il vint complaisamment à mon secours, me nommant tour à tour tous les points qu'embrassaient nos regards : là-bas, ce large sommet aplati, soutenu par une corniche de rochers, au-dessus d'une pente d'éboulis, c'est le Puy-Gros; plus à gauche, cette pointe tronquée qui prolonge un mamelon de pelouses comme la corne naissante sur le front d'une taure, c'est la Banne-d'Ordenche ; dans le fond, cette cime abrupte dont une paroi plonge à pic dans le vide, c'est le Roc de Cuzeau, qui contraste par sa hardiesse avec toutes les montagnes aux croupes arrondies environnantes, le Puy de Cacadogne, le Puy de l'Angle.

Encouragé sans doute par l'attention que lui prête son élève, mon cicérone continue en m'expliquant l'origine du mot Puy, par lequel on désigne le plus grand nombre des montagnes arvernes.

D'après lui, ce nom viendrait des trous ou puits que l'on trouve à leur sommet et qui sont d'anciens cratères de volcans. Pour le coup, j'ai encore l'air d'écouter mon interlocuteur avec le recueillement que méritent son âge et sa décoration, mais je rectifie mentalement cette étymologie fantaisiste. Puy vient du celtique *Pi* qui veut dire hauteur et qui présente, suivant les dialectes, les variantes *pueg*, *puech*, *puig*, *pic*. Quant aux cratères, ils se trouvent le plus souvent sur les flancs et non au sommet des *Puys*. Les excavations que l'on rencontre parfois au sommet pourraient à peine suffire à faire un volcan pour le musée Grévin.

Pourtant cette explication grossière trouve créance auprès de bon nombre de personnes et il n'est pas rare de l'entendre répéter dans le cours de la conversation. Bien plus, on l'imprime, et c'est pourquoi je n'ai pas dédaigné de dire en passant ce qu'il faut en penser.

La Bourboule est située dans la haute vallée de la Dordogne, à un endroit où cette vallée s'élargit pour recevoir le ruisseau de Vendeix qui roule un volume d'eau peu inférieur à celui du fleuve naissant. En amont et en aval, les rives se rapprochent, et la Dordogne s'y creuse un lit de plus en plus profond, au dessus duquel, à une grande hauteur, passe la route de Saint-Sauves au Mont-Dore. Le climat y serait rude et froid si l'orientation était moins bonne ; le village est bâti au pied des pentes méridionales d'un vallon ouvert de l'est à l'ouest, et les rayons du soleil, qui y séjournent depuis les premières heures du jour jusqu'aux approches de la nuit, rendent la température assez chaude en été.

Si on s'en rapporte à la découverte d'une fosse antique mise au jour en 1820, lors de la construction de l'établissement, les Romains auraient déjà connu et utilisé les sources de la Bourboule comme ils connaissaient et utilisaient celles du Mont-

Dore. Quoi qu'il en soit, la station actuelle est tout à fait moderne, et les personnes qui l'ont vue il y a vingt ou trente ans se souviennent qu'elle ne comptait que trois maisons et de misérables chaumières.

Aujourd'hui on y trouve des hôtels confortables, de nombreuses pensions particulières, et les baigneurs commencent à y affluer. Ces eaux guérissent déjà un grand nombre de maladies et en guériront bien davantage quand elles seront tout à fait à la mode ; les hommes iront s'y reposer de leurs travaux et les femmes de leurs plaisirs.

> Comme on va chez Herbaut faire un peu de toilette,
> On fait de la santé là-bas ; c'est une emplette :
> Des roses au visage et de la neige au sein,
> Ce qui n'est défendu par aucun médecin.

A quelques minutes de la Bourboule s'élève le village de Murat-le-Quaire, bâti sur un mamelon basaltique à 1,038 m. d'altitude. Une roche élevée qui porte encore quelques traces d'une ancienne construction (vieux château ?) se détache en avant du village et forme un promontoire naturel, d'où l'on découvre bien la vallée de la Dordogne et son système orographique. Je m'y rendis dans la matinée du 9 juillet en escaladant les hauts rochers granitiques qui dominent l'établissement Choussy ; on trouve sur leurs parois de nombreuses colonies de *Sedum annuum, hirsutum, dasyphyllum, acre, elegans* ; le *Sarothamnus purgans* mêlé au *S. vulgaris*, les *Dianthus silvaticus, delloides* et *armerius ;* le premier, aussi joli qu'un Œillet de jardins, est très recherché des promeneurs pour confectionner leurs bouquets. De larges gazons de Pieds-de-Chat (*Gnaphalium diœcum*) forment des tapis feutrés au-dessus desquels se pressent de nombreux capitules roses ou blancs ; sur les pentes herbeuses l'*Eryngium campestre* montre sa trompeuse physionomie de Chardon. On a signalé son Orobanche dans les environs, mais c'est vainement que je l'ai cherchée ici.

Du haut de ces rochers la vue est déjà fort belle ; l'amphithéâtre de montagnes qui nous entoure se révèle avec ses véritables proportions, bien que la cime principale, le Sancy, nous soit toujours cachée.

Mais ils sont encore intéressants à un autre titre. Ce sont les dernières roches primitives un peu considérables qui se rencon-

que va remontant la vallée de la Dordogne ; elles marquent donc à peu près le sommet de ce plateau primitif de l'Auvergne qu'on appelle le plateau central et qui présentait, dit M. Lecoq, une surface uniforme un peu ondulée, dont le versant s'inclinait doucement vers l'occident.

Plus loin cette ossature primordiale du sol disparaît sous l'énorme calotte de roches éruptives qui va en s'épaississant jusqu'au Sancy, où elle doit atteindre huit à neuf cents mètres de hauteur puisque les profondes déchirures qui la sillonnent n'en touchent pas le fond.

Pour gagner Murat, il faut redescendre le versant opposé des rochers que l'on vient de gravir jusqu'à un petit plateau de prairies où se croisent divers chemins qui montent au milieu de champs cultivés, à l'ombre des haies, jusqu'aux maisons du village.

Dans ce trajet, on récolte peu de plantes intéressantes (Voir la liste p. 13, 14). J'ai cependant à signaler dans des champs de Lin le parasite de cette plante déjà indiqué par Lamotte, *Cuscuta epilinum*, et, sur les talus herbeux du chemin, au bord des haies, les belles fleurs du *Malva moschata*.

Nous arrivons ainsi tout doucement à notre observatoire dont une brave femme nous ouvre la porte moyennant une modique rétribution.

Le temps est très beau et nos premiers regards se portent sur les montagnes du Mont-Dore. Le Sancy est en vue ; mais qu'il est loin de nous apparaître avec l'attitude majestueuse dans laquelle nous nous plaisions à nous le représenter ! son cône triangulaire s'élève à peine au-dessus des larges coupoles verdure de qui l'entourent, et le point culminant de la France centrale nous semble manquer un peu de prestige. Quelle différence avec le superbe Puy-de-Dôme, qui domine si souverainement les colline et les plaines de quelque côté qu'on le regarde !

Cette comparaison se présente naturellement à l'esprit du touriste qui a vu les deux montagnes à une certaine distance, et se fait toujours au détriment de la plus élevée. L'infériorité apparente d'un pic plus haut de 400 mètres que son rival tient à ce que tous les points d'où l'on peut apercevoir le Sancy étant déjà fort élevés, la hauteur relative du pic au-dessus de ces points est moins grande que la hauteur du Puy-de-Dôme au-dessus de la plaine de Clermont. En effet, le pic de Sancy est situé au centre de vastes plateaux, entouré de nombreux sommets peu inférieurs en altitude, qui le masquent et lui enlèvent cette proportion de saillie que rendent si sensible pour le Puy-de-Dôme sa forme et son isolement.

Le premier est un souverain auquel de puissants voisins disputent sa suprématie, le second est un géant solitaire devant qui tout fléchit et se prosterne.

10 *juillet*. DE LA BOURBOULE A LA TOUR D'AUVERGNE par la forêt de la Roche. — A la porte de l'hôtel commence un petit sentier qui traverse une prairie à moitié fauchée et va aboutir à un chemin rocheux, ombragé de beaux Hêtres ; le chemin disparaît ensuite au tournant du bois avec un air de mystère qui me fit désirer de le suivre et de connaître son secret.

Il m'emmena d'abord au de hameau Fenestre, puis me donna à choisir entre son bras gauche qui monte à travers prés et bois à la Roche-Vendeix, et son bras droit qui descend à un ruisseau dont j'entendais le bruit. Le torrent est large et profond, et le chemin n'ayant aucun moyen de le traverser, ni pont, ni gué, remonte en côtoyant la rive droite ; bientôt tous deux s'unissent dans une intimité si parfaite qu'on ne saurait dire au juste si c'est le torrent qui empiète sur le chemin, ou le chemin qui emprunte son lit au torrent.

Le site est charmant : c'est un berceau de prairies profondémet encaissé entre des pentes boisées et des roches abruptes couronnées d'arbres verts ; des eaux limpides et bruyantes animent seules ce vallon solitaire, et des fleurs variées le parent des couleurs du printemps. Il y en a dans les prés, au bord du ruisseau, à la marge des bois, et jusque sous l'ombre austère des Sapins.

Dans les prés :

Arnica montana.	Knautia silvatica.
Cardamine pratensis.	Meum athamanticum.
— amara.	Lythrum salicarium.
Viola palustris.	Valeriana officinalis.
Parnassia palustris.	Heracleum sphondylium.
Lychnis laciniata (L. flos cuculi).	Myosotis palustris.
Impatiens penduliflora (Noli tangere).	Stachys alpinus.
Hypochœris maculata.	— silvaticus.

Orchis bifolius.
Phyteuma spicatum.
Campanula linifolia.
Gentiana lutea.

Malacium aquaticum.
Carum verticillatum.
Polygonum bistortum.

Dans les bois et sur leur lisière :

Prenanthes purpurea.
Doronicum austriacum.
     —   cordifolium   (Pardalian-
         ches).
Aconitum lycoctonum.
Dentaria pinnata.
Lychnis diurna.
Stellaria nemoralis.
Hypericum quadrangulum.
Geranium silvaticum.
Trifolium spadiceum.
Acer platanoideum.
     —   pseudo-Platanus.
Sorbus aucuparia.
Pirola minor.
     —   secunda.
     —   rotundifolia.
Paris quadrifolia.

Sanicula europæa.
Conopodium denudatum.
Saxifraga stellaris.
     —   rotundifolia.
Myosotis silvatica.
Veronica montana.
Convallaria verticillata.
Neottia orobanchoidea   (Nidus avis)
Luzula nivea.
Senecio Fuchsianus.
     —   cacalioideus.
Mulgedium alpinum.
     —   Plumieri.
Fagus silvatica.
Asplenium fimbriatum (Filixfœmina)
Polystichum spinulosum.
     —   obtusum (Filix Mas).

Bientôt on arrive à une sorte de *Bout du Monde*, formé par le brusque redressement des parois et du fond de la vallée ; plusieurs petits sentiers qui se nouent à ce point conduisent, l'un sur la Roche-Vendeix dont la muraille verticale, sillonnée de colonnes basaltiques, surgit à un demi-kilomètre de là ; d'autres au plateau de Bozat, portant à 1,500 mètres d'altitude un pittoresque amoncellement de rochers, ou au pont de la Roche-Vendeix sur la route de la Bourboule à La Tour.

A droite un chemin forestier qui franchit le torrent sur un pont de fascines me semble la meilleure route à suivre. Où mène-t-elle ? je l'ignore, mais elle se développe au milieu des Sapins de la forêt de la Roche et, par ce chaud soleil de juillet, la perspective de marcher à l'ombre me séduit.

Les arbres sont généralement assez clairsemés pour permettre à une luxuriante végétation herbacée de se développer à leurs pieds ; dans les endroits mêmes où le couvert est le plus sombre, d'épais tapis de Mousse s'étendent sur le sol, cachant sa nudité. C'est un caractère tout particulier aux forêts de ce avec de présenter ainsi des sous-bois herbeux et verdoyants jusque sous l'ombre mortelle des Sapins. Nulle part le regard n'y est attristé par ces grands espaces dépouillés et stériles qu'on rencontre ailleurs sous les forêts de Conifères.

Parmi les plantes qui se font particulièrement remarquer par leur abondance dans cette localité, il en est une qui croît en si grande quantité, que, de loin, on la voit blanchir de larges surfaces dans la demi-obscurité du bois, c'est la Luzule à fleurs blanches (*Luzula nivea*), qui doit son nom à ses périgones argentés, d'un beau blanc brillant. D'autres espèces très fréquentes dans ce lieu, comme la Digitale pourprée, la Sanicle, le Séneçon de Fuchs, le Mulgedium, le Prénanthes, le Conopodium, le Framboisier sauvage, le Sureau à grappes, etc., lui donnent une certaine ressemblance avec les Bois des hautes montagnes beaujolaises où dominent les mêmes espèces, particulièrement vers la Roche-d'Ajoux et le Saint-Rigaud. Mais quelle différence dans l'énergie de leur développement! Les plantes d'Auvergne sont des géantes auprès de leurs sœurs du Beaujolais.

Notre station l'emporte également pour la variété : tandis qu'on ne trouve à la Roche-d'Ajoux que le Mulgedium de Plumier, on rencontre partout ici les deux espèces réunies, *Plumieri* et *alpinum*, il en est de même des Doronics; celui qu'on trouve ordinairement en Beaujolais est le *D. cordifolium* (Lamarck) appelé par les anciens botanistes *D. pardalianches*, c'est-à-dire Mort aux Panthères. Le *D. austriacum* que j'ai rencontré une seule fois en Beaujolais, au Saint-Rigaud, est abondant autour de la Bourboule. Le *Senecio cacalioideus*, voisin du *S. Fuchsianus*, dont il diffère par ses capitules dépourvus de demi-fleurons et ses feuilles toutes sessiles, décurrentes sur la tige, est encore spécial au plateau central ; je ne l'ai jamais rencontré en Beaujolais et je n'ai pas entendu dire que d'autres botanistes l'y aient trouvé.

La Scille à fleurs de Jacinthe (*Scilla hyacinthoidea*) a pour moi tout l'attrait de la nouveauté, et de plus elle appartient à cette brillante famille des LILIACÉES, dont les représentants ne travaillent ni ne filent et se montrent cependant superbement vêtus ; ses jolies fleurs bleu clair ne sont pas sans mérite même aux yeux d'un horticulteur. Tout le long des filets d'eau qui descendent des hauteurs, la Saxifrage étoilée (*Saxifraga stel-*

laris) vit en société avec la petite tribu des Piroles (*Pirola rotundifolia, secunda* et *minor*) que je n'ai vues abonder nulle part comme dans ces bois moussus et humides.

Le chemin sort tout à coup de la forêt et débouche sur une terrasse ondulée dont une prairie alpestre recouvre les pentes. Un groupe de chalets plantés vers le point le plus haut commande la prairie, entourée de trois côtés, comme une forteresse, par de profonds ravins.

Au delà recommence la solitude des grands bois.

Une des meilleures plantes recueillies sur ce point est la Campanule à feuille de Lin (*Campanula linifolia*) qui remplace ici la Campanule à feuilles rhomboïdales, si commune dans les montagnes calcaires du Bugey, du Jura, de la Grande-Chartreuse, etc., mais qui manque en Auvergne (1).

On y trouve encore une jolie variété à fleurs blanches de la Gentiane champêtre, les *Thesium alpinum* et *pratense*, l'*Orchis sambucinus* à fleurs jaunes et à fleurs rosées, l'*Orchis montanus*, etc. Les longues fusées de l'*O. conopeus* forment en divers points de véritables petits parterres, en compagnie de la Violette des monts Sudètes (*Viola sudelica*), qui se montre avec une variété de formes et de couleurs bien faites pour le plaisir des yeux.

Je salue en passant la Grande Gentiane, l'Arnica et le Trèfle des Alpes (Réglisse de montagne), dont les petits pâtres déterrent les longues racines sucrées. Ces trois espèces composent une sorte de Trinité bienfaisante que les habitants des hauts plateaux appellent dans leur langage naïf, les « Bonnes plantes »

Après avoir traversé la prairie, le chemin s'enfonce de nouveau sous les Sapins, où son tracé se perd bientôt dans les hautes herbes.

Suivant alors au hasard une des nombreuses foulées qui indiquent un passage fréquenté, je poursuis ma route vers le sommet de la montagne.

Dans quelques pauvres *burons*, nom des chalets en Auvergne, se trouvent réunis un vacher et deux ou trois pâtres ; le

---

(1) D'après M. Legrand, la plante indiquée sous ce nom à Pierre-sur-Haute est une *C. linifolia* à feuilles larges.

premier s'occupe de la fabrication des fromages, ceux-ci surveillent les troupeaux paissant en liberté pendant le jour et les réunissent chaque soir dans des enceintes palissadées auprès de leurs cabanes.

Particulièrement mélancolique est l'aspect de ces immenses plateaux de prairies tondues au ras du sol par la dent du bétail et dont aucun arbre, ni rocher, n'interrompt la morne étendue.

Aucune fleur ne vient y réjouir le regard ; seules de solides tribus de Graminées tapissent ce sol incessamment brouté et piétiné, les Graminées dont Linné a dit justement qu'elles sont le peuple rustique, pauvre, content de peu, mais constituant la force et la puissance du règne végétal ; plus on les tourmente et plus on les foule, plus elles se multiplient (1).

En s'avançant vers l'est le plateau se dérobe tout à coup par une pente rapide, couverte de bois, qui forme plus bas une sorte de large col ; le versant opposé remonte par une suite de bonds successifs jusqu'aux plus hauts sommets qui entourent le Mont-Dore.

De ce point l'œil embrasse tout à coup un horizon inattendu : au midi, par delà de riantes vallées parsemées de villages et de hameaux, se dresse comme une haute muraille, la chaîne du Cantal ; au levant les escarpements qui dominent le Creux d'Enfer, le Sancy, l'Aiguiller, le rocher de Courlande, etc., forment une crète déchiquetée, hérissée de roches étranges assez semblables à des blocs de métal tordus au feu, une entre autres, trouée de part en part comme la fameuse Pierre Pertuis, dans le Jura, apparaît traversée d'un rayon bleu.

Le col, sorte de plaine marécageuse, est partagé par la route du Mont-Dore à La Tour.

L'exploration rapide des terrains variés qu'on y rencontre, tourbières à *Sphagnum*, fossés et ruisseaux, prairies inondées ou plus ou moins humides, m'a donné la liste des plantes suivantes, indépendamment de quelques autres espèces déjà signalées.

Ranunculus aconitifolius.	Cardamine amara.
Nasturtium oflicinale.	Viola palustris.

---

(1) Gramina plebei, rustici, pauperi, culmacei, regni vegetabilis vim et robur constituentes, quoque magis mulctati et calcati, magis multiplicari.

Parnassia palustris.
Drosera rotundifolia.
Lychnis laciniata.
Malacium aquaticum.
Trifolium alpinum.
— spadiceum.
Potentilla aurea.
— tormentilla.
Comarum palustre.
Epilobium Duriæi.
Valeriana diœca.
Lythrum salicarium.
Juncus squarrosus.
Carum verticillatum.
Meum athamanticum.
Menyanthes trifoliata.
Myosotis palustris.

Veronica scutellata.
— serpyllifolia.
— crassifolia (Beccabunga).
Pedicularis silvatica.
— palustris.
Scutellaria galericulata.
— minor.
Sparganium simplex.
Rhynchospora alba.
Polygonum viviparum.
Betula glutinosa.
Salix phylicifolia.
— Lapponum.
— repens.
Eriophorum angustifolium.
— latifolium.
— vaginatum.

Ces trois Linaigrettes formaient par leur réunion et l'abondance de leurs houppes soyeuses en certains endroits de véritables tapis blancs, qui ressemblent de loin à des taches de neige.

Là devait se terminer pour cette journée mon voyage botanique. Je profitai de quelques heures qui me restaient pour monter sans me presser au sommet d'un Puy sans nom, marqué 1,374 mètres sur la carte, m'asseyant aux places herbeuses ou faisant auprès des sources des haltes réconfortantes.

En un certain endroit je rencontrai un véritable champ de Piroles qui fleurissaient dans la Mousse; l'idée me vint d'en composer un bouquet en y mélangeant des fleurs de Renouée, de Saxifrage, de Campanule, de Pensée sauvage et de divers Orchis à épis parfumés.

En arrivant à l'hôtel je reçus une véritable ovation et vingt mains se tendirent vers moi. Oh ! les beaux Muguets ! On avait pris mes Piroles pour des Muguets, auxquels les faisaient ressembler, du reste, leurs jolies fleurs blanches en grelots. Mon triomphe n'eut pas plus de durée que le temps de dissiper cette illusion.

11 *juillet*. Autour de la Bourboule. — Le 11 étant un dimanche, j'employai à quelques courtes promenades et à corriger mes notes, les heures de loisir que me laissa l'accomplissement des devoirs de ce jour.

Dans le talus rocailleux de la route, jusqu'au milieu du village, abonde le *Sedum annuum*; sur les bords du ruisseau de Vendeix, dans la traversée du parc Fenestre, on peut récolter l'*Impatiens penduliflora* (*Noli-Tangere*), jolie Balsamine à fleurs jaunes remarquable par la sensibilité de ses fruits, qui éclatent en projetant violemment les graines, dès qu'on les touche; de là son nom « ne me touchez pas » (*noli me tangere*). Le lit de la Dordogne est la station d'une plante qui abonde dans ces parages, le *Ranunculus hederaceus*. Les rochers granitiques qui dominent les maisons de la petite cité, vers l'établissement Choussy, portent un assez grand nombre d'espèces :

Erophila vulgaris.	Hippocrepis comosa.
Polygala vulgare *à fleurs bleues, blanches et roses*.	Potentilla argentea.
Dianthus deltoideus.	— verna.
— carthusianorum.	Fragaria vesca.
Gypsophila muralis.	Scleranthus annuus.
Dianthus armerius.	— perennis.
— silvaticus.	Sedum villosum.
Spergula pentandra.	— hirsutum.
Stellaria Holostea.	— dasyphyllum.
— graminea.	Saxifraga tridactylites.
Malva moschata.	Angelica pyrenæa.
Hypericum montanum.	Scabiosa succisa.
Geranium pyrenaicum.	— columbaria.
— pusillum.	Hieracum pilosellum.
— molle.	— murorum.
Erodium cicutarium.	Jasione montana.
Genista pilosa.	— perennis.
— sagittalis.	Asplenium septentrionale.
Sarothamnus vulgaris.	Brunella grandiflora.
— purgans.	Abiga reptans.
Lotus corniculatus.	— genevensis.
Astragalus glycyphyllus.	Plantago major.
Silene nutans.	— media.
Vicia cracca.	— lanceolata.
— sepincola.	Luzula pilosa.
Ornithopus perpusillus.	Carex præcox.

Dans les cultures environnantes et le long des haies :

Papaver Rhœas.	Lathyrus silvestris.
Githago segetalis.	Orobus niger.
Medicago lupulina.	Cerasus racemosa (Padus).
Vicia sepincola.	Circæa lutetiana.

Montia minor.

Saxifraga granulata.

Valeriana officinalis.

Valerianella carinata.

Meum athamanticum.

Senecio silvaticus.

Centaurea cyanus.

Arnoseris minima.

Lampsana communis.

Campanula rotundifolia.

—   glomerata.

Pulmonaria officinalis.

Veronica officinalis.

Melampyrum arvense.

—   cristatum.

—   pratense.

Lamium incisum.

Ornithogalum umbellatum.

La station de Laqueuille, où l'on quitte le chemin de fer pour prendre les voitures qui conduisent à la Bourboule ou au Mont-Dore, est située à 1,008 mètres d'altitude sur un vaste plateau de prairies au milieu desquelles la grande Gentiane montre sa hampe fleurie, l'Arnique des montagnes ses larges calathides dorées, la Pensée sauvage (*Viola sudetica*) ses charmantes fleurs bleues ou violettes, maculées de jaune ou lavées de blanc. Dans les haies de gros buissons de Roses commencent à fleurir, en retard d'un mois sur leurs congénères de Tassin et de Charbonnières. Parmi les diverses espèces de Saules qui s'élèvent sur les bords du chemin, il en est une particulièrement remarquable. Ses larges feuilles d'un vert brillant et comme vernissé lui ont valu, de la part des horticulteurs, le nom de Saule à feuille de Laurier. Les botanistes l'ont appelé *Salix pentandra*, du nombre des étamines insérées sur les fleurs mâles.

De Laqueuille à la Bourboule la route descend de 150 mètres, dans une gorge sauvage et pittoresque hérissée d'énormes blocs granitiques au travers desquels la Dordogne s'est ouvert un passage sinueux. Les plantes de rochers apparaissent sur les acottements de la route ; le *Sedum annuum*, remplaçant ici le *S. acre*, abonde en compagnie de deux autres, les *Sedum hirsutum* et *dasyphyllum* ; dans les bois qui revêtent les pentes tournées au midi croissent d'assez beaux Chênes remarquables par l'ampleur de leur feuillage ; à leur ombre, et dans les clairières, les longues fusées de la Digitale pourprée excitent les convoitises des nouveaux arrivants, tandis que les fleurs plus humbles du *Geranium phæum* passent inaperçues de tout autre que le botaniste.

Si on descend depuis la route jusqu'à la Dordogne, au fond d'un ravin encaissé on trouve, après avoir traversé la rivière, des rochers ombragés de Hêtres au milieu desquels croît assez abondamment le *Lunaria rediviva*. On doit chercher encore dans cette station le *Corydalis claviculata*, indiqué par Lamotte, mais que je n'y ai pas rencontré.

12 *juillet*. LA BANNE D'ORDENCHE ET LE PUY-GROS. — Par suite de son orientation générale de l'est à l'ouest, la vallée de la Bourboule présente deux versants bien différents d'aspect. L'un, exposé au nord, se dresse brusquement en talus élevé entièrement couvert de forêts de Hêtres et de Sapins, jusqu'au plateau de prairies qu'il supporte. C'est ce versant que j'avais exploré l'avant-veille en me rendant au village de la Tour d'Auvergne.

L'autre, tourné au midi, forme d'abord de molles ondulations dont les étages successifs sont occupés par les diverses cultures qui nourrissent les villages d'alentour, puis se relèvent en croupes gazonnées jusqu'aux falaises de trachytes et de basaltes qui en couronnent le sommet.

Les points culminants de cette bordure montagneuse sont la Banne (mot patois qui veut dire Corne) d'Ordenche et le Puy-Gros, tous deux atteignant respectivement 1515 et 1482 mètres d'altitude.

Divers chemins conduisent en une heure et demie à deux heures de la Bourboule à la Banne, d'où trente-cinq à quarante minutes suffisent pour gagner le Puy-Gros.

En quittant le village on traverse les champs cultivés de la région inférieure dans lesquels vivent les plantes ordinaires à ce genre de station.

On rejoint bientôt la route de Laqueuille au Mont-Dore, et, après l'avoir traversée près du hameau de la Gacherie, on suit une sorte de profonde ornière qui semble avoir été d'abord ébauchée par les eaux qui s'y rendent des hauteurs à l'époque des pluies, et utilisée ensuite par les hommes comme moyen de viabilité. Sur une pente herbeuse, mouillée par une source qui s'échappe au milieu même du chemin, on peut récolter *Scirpus setaceus*, *Sedum villosum*, *Sagina procumbens*.

Bientôt, aux céréales, aux pommes de terre, aux fourrages artificiels, que l'industrieuse opiniâtreté des habitants a poussés le plus haut possible sur ce sol avare exposé à un climat rigoureux, succèdent les pâturages où, tout sentier cessant, on marche sur le gazon dans la direction du sommet qu'on ne cesse pas d'ailleurs d'apercevoir.

On dit qu'au printemps la pelouse est toute en fleurs, mais au milieu de juillet les troupeaux n'ont rien laissé à glaner pour le botaniste. A peine si quelques individus doivent à l'exiguité de leur taille d'avoir échappé à la destruction générale. C'est ainsi que l'on voit s'abriter, dans de petits fossés où l'eau séjourne, la Grassette aux élégantes fleurs d'un bleu violet (*Pinguicula vulgaris*), en compagnie des *Epilobium alpinum* et *alsinifolium*, *Stellaria uliginosa*, *Sagina muscosa*; dans quelques coins des pâturages ou sur des débris rocailleux *Silene rupestris*, *Alsine verna*, *Gnaphalium diœcum*, *Euphrasia minima*, *Plantago alpina*, *Crocus vernus*, *Alchimilla alpina* et *vulgaris*, etc.

La montagne se termine par un rocher à pic sur deux faces, au sommet duquel on arrive par des pentes rapides que leur inclinaison a mises à l'abri des déprédations du bétail; la Boule d'or, l'Arnica, la Pensée sauvage y sont en plein épanouissement; l'Anémone des Alpes, malheureusement passée, ne porte plus sur ses tiges rigides que des boules de carpelles aux aigrettes soyeuses, tandis qu'au pied de ces brillantes espèces, se cache une plante plus rare pour la région, bien qu'abondante dans la plus grande partie des montagnes de la France, c'est cette toute petite Vacciniée que les botanistes ont eu l'idée plaisante d'appeler une Vigne (*Vitis*) et de l'attribuer en cette qualité au mont Ida (*Vitis idaea*).

Par Bacchus! dont s'est indignemement moqué en cette occasion le père de la Botanique, voyez-vous un viticulteur convaincu, entreprendre sur la foi du grand Linné, le voyage de l'île de Crète pour en rapporter le précieux arbuste sur lequel il aurait fondé l'espoir de la régénération des vignes françaises (1)?

Ce nom absurde imposé par Linné à la place de l'épithète si exacte de *Vaccinium rubrum* (Airelle à fruit rouge), donnée par Dodoens, ne devait pas échapper à la critique de notre col-

---

(1) Il y a environ deux ans, un viticulteur marseillais prônait dans une publication également marseillaise, le greffage de la Vigne sur l'Airelle *Vaccinium nigrum* (Dodoens) ou *myrtillus*. De quel poids n'aurait-il pas pu faire peser en sa faveur, l'argument qu'il aurait tiré de la dénomination fantaisiste de la nomenclature linnéenne, si celle-ci lui eût été connue?

lègue M. le docteur Saint-Lager, qui propose justement de revenir au nom le plus ancien lequel est en même temps le meilleur.

Du haut de la Banne d'Ordenche la vue s'étend sur un vaste horizon et domine une contrée profondément bouleversée. Au midi, c'est toujours le Cantal dressant dans le lointain sa muraille bleuâtre, et au levant, tout près, les Monts-Dores plus élevés que nous de quelques centaines de mètres ; mais au nord, les Monts Dômes alignent une longue chaîne de cratères, dominés par le grand Puy-de-Dôme qui ne perd rien de sa majesté à être vu du sommet d'un rival (la Banne à 1515 mètres, le Puy-de-Dôme, 1468).

Par dessus les Monts-Dômes et à leur droite on découvre les montagnes foréziennes, et dans l'ouest de grandes étendues moutonnées qui sont les pittoresques vallées de la Corrèze et de la Creuse.

On va au Puy-Gros en longeant la crête supérieure du rocher qui plonge à droite par une paroi abrupte, jusqu'à ce qu'on rencontre le plateau de prairies qui réunit les deux sommets. Dans ce parcours on récolte sur le bord du rocher le *Festuca spadicea*, belle Graminée qui domine de ses panicules violacées tous les végétaux du voisinage. Arrivé au pied de cet escarpement, on peut, avant de se diriger vers le Puy-Gros, descendre sur la droite en suivant à sa base la face tournée au levant ; on distinguera dans l'élégante végétation suspendue sur l'abyme les espèces suivantes :

Valeriana tripteris.	Laserpitium latifolium.
Silene rupestris.	Saxifraga aizoonia.
Asplenium septentrionale.	Sempervivum arachnoideum.

Et une forme très intéressante de l'Ancolie commune, qui diffère du type de la plaine par la largeur bien plus considérable des sépales, et par ses tiges plus courtes et plus raides ; c'est l'*Aquilegia platysepala* Rchb. — Ces récoltes terminées, on remonte à travers la prairie sur l'énorme plateau du Puy-Gros, lequel offre peu d'objets intéressants quand on vient de la Banne d'Ordenche ; mais on doit descendre dans des débris mouvants qui se trouvent sous le sommet, à l'exposition du midi ; et là, dans les rocailles, et plus bas dans les taillis, on trouve un bon nombre d'espèces non encore observées dans la première partie de l'excursion.

Ranunculus platanifolius.
Geranium sanguineum.
Lonicera nigra.
— alpigena.
Galium saxatile.
Crepis succisifolia.
Centaurea nigra.
— grandiflora.
Rumex acutus.
Saxifraga hypnoidea.
Chærophyllum aureum.
Alsine verna.
Sempervivum murale (S. tectorum).
— arvernense.
Arabis alpina.

Spergula pentandra.
Libanotis montana.
Hieracium aurantiacum.
— vogesiacum.
— silvaticum.
Hypericum montanum.
Sorbus aucuparia *et* aria.
— chamæmespilus.
Epilobium trigonum.
Biscutella arvernensis Jord.
Ribes petræum.
Peucedanum oreoselinum.
Melittis melissophylla.
Rosa alpina.
— rubrifolia.

Dans des prairies alternativement sèches ou humides :

Astrantia major.
Crepis grandiflora.
Centaurea jacea *à gros capitules*.
Crepis grandiflora.
Pimpinella magna.
Gentiana lutea.
— pneumonanthe.
Dianthus silvaticus.
— deltoides.
— monspessulanus.
Aira præcox.
Gentiana compestris.
Alchimilla alpina.

Hypnum rugosum.
Trifolium spadiceum.
Saxifraga stellaris.
Sedum villosum.
Montia minor.
Juncus squarrosus.
Carex pulicaris.
— canescens.
— leporina.
— stellulata.
— panicea.
— Goodenoughii.

Et autres plantes hygrophiles.

Le long d'un ruisseau, près d'une ferme, une Mousse assez rare bien fructifiée, le *Dicranella squarrosa*, et sur les pierres sèches l'*Antitrichia curtipendula*.

Dans un bois humide en descendant :

Impatiens penduliflora.
Cirsium glutinosum.
— palustre.
Chærophyllum hirsutum.
Pulmonaria affinis.
Circæa alpina.
Crepis paludosa.
Hieracium silvaticum.

Blechnum boreale.
Lysimachia nemorum.
Dentaria pinnata.
Doronicum austriacum.
Geranium phæum.
— silvaticum.
Hypericum quadrangulum.

12 juillet. PIC ET FORÊT DU CAPUCIN. — La forêt du Capucin, une des promenades préférées des baigneurs de la Bourboule et du Mont-Dore, s'étend sur un plateau mouvementé que domine un rocher bizarre, représentant un moine à genoux coiffé de son capuce.

Elle recèle des sites très vantés et qui ne sont pas au-dessous de leur réputation. Ses gradins inférieurs descendent tout chargés de bois jusqu'aux premières maisons du Mont-Dore et se relient, par des isthmes étroits tendus à travers les prairies, aux vastes forêts qui recouvrent entièrement le versand nord de la vallée de la Dordogne.

Pour les baigneurs habitant la Bourboule, plusieurs chemins y conduisent. Les promeneurs qu'une longue marche ou une course à cheval fatiguerait se rendent d'abord au Mont-Dore en voiture ; de là quelques minutes suffisent pour gagner la forêt, et en une demi-heure on arrive à un petit chalet au pied du rocher terminal. Tout le parcours, depuis le Mont-Dore, se fait sous des ombrages magnifiques de Hêtres et de Sapins, à travers des blocs éboulés de la montagne, ou sur un tapis de Mousses épaisses constellées de fleurs des bois. Mais les touristes qui peuvent marcher ou chevaucher une demi-journée feront bien de préférer le chemin des Cascades, en passant par la grande Scierie ou par Rigolet-Haut. C'est l'itinéraire que doivent choisir les botanistes.

Si on a descendu à la cascade du Plat-à-Barbe, il n'est pas nécessaire de remonter jusqu'au chemin de Rigolet, on peut suivre dans le fond de la vallée, où coule le ruisseau de Cliergues, de larges sentiers bien frayés à travers les prairies et les bois, qui conduisent à la Grande-Scierie sur la route du Mont-Dore à la Tour.

Le sentier se continue au-delà de la route dans une forêt de Sapins et on arrive bientôt à l'entrée d'une vaste clairière, enfermée entre de hautes croupes boisées qui forment une sorte de fer à cheval dont il faut escalader les pentes si on veut éviter de revenir sur ses pas. Au-dessus des bois s'étendent les prairies, et le chalet du Capucin apparaît là-haut, blotti au pied du roc, à la lisière de la forêt, et constamment entouré d'une nombreuse société d'excursionnistes et de leurs montures.

Si on cède, comme je l'ai fait, à la tentation d'atteindre le chalet en gravissant directement la pente broussailleuse au-dessus de laquelle il se montre à une trompeuse proximité, on se ménage une bonne demi-heure de violente gymnastique sur des pentes coupées d'escarpements inondés, ou embarrassées d'inextricables entrelacements de végétaux.

Nous eûmes affaire, entre autres, à toute une cohorte de Rosiers qui malheureusement pour nous n'étaient pas le bon et inoffensif Rosier des Alpes.

A part la difficulté de s'arracher de ces fourrés, on ne peut refuser son admiration à la vigueur merveilleuse qu'imprime à la végétation cette terre fertilisée par mille sources et échauffée par le soleil. Les Doronics, les Mulgediums, les Séneçons, les Cirses, les Tussilages, couvrant le sol de leur feuillage exubérant, croisaient au-dessus de nos têtes leurs calathides dorées ou purpurines.

D'énormes buissons fleuris de *Rosa alpina*, *rubrifolia* et *resinosa*, ombrageaient des espèces plus humbles, les Aconits dont les fleurs jaunes ou bleues s'abritent sous un casque, le Lis Martagon qui porte les siennes enroulées comme un turban, et les Grassettes dont les rosettes jaunâtres surmontées de fleurs violettes tapissaient les pentes et les rochers humides. La plupart des pieds observés appartenaient à la forme à grandes fleurs, (*Pinguicula grandiflora* Lamarck), caractérisée par sa corolle aussi large que longue, munie d'un éperon égalant à peu près le reste de la fleur.

Parvenus au terme de notre laborieuse escalade, nous fîmes dans le chalet une halte réparatrice et bientôt, après une courte visite au sommet du Capucin, nous entrions frais et dispos dans la forêt dont les échos retentissaient des cris joyeux d'une bande de touristes. Nulle part ailleurs je n'avais encore rencontré tant de verdure et de fraîcheur que sous ces ombrages séculaires. Sur le vert tapis des Mousses entrelacées se montraient par milliers les fragiles fleurs des sous-bois : le *Maianthemum bifolium*, dont les épis grêles ressemblent à de petits Muguets, les *Circæa alpina* et *intermedia*, aux délicates corolles ponctuées de rose, les grelots blancs des Piroles (*Pirola secunda* et *minor*), l'*Adoxa moschatellina*, l'*Oxalis acetosella*, le *Paris quadrifolia*, auxquels venaient s'enrouler les tiges débiles de la Stellaire des bois, etc. Les blocs de rocher tombés autrefois des hauteurs voisines portaient dans leurs anfractuosités de vigoureux Sapins (*Abies pectinata*), à l'ombre desquels s'abri-

tent les Myrtilles, les Saxifrages et les frondes brodées des Fougères. Sur le tronc et aux branches des arbres, les Usnéas et
les Cornicularias suspendaient leurs longs réseaux filiformes,
rideaux flottants au moindre souffle de brise qui vient animer la
forêt.

En parcourant dans tous les sens les massifs boisés qui recouvrent les pentes de la montagne on trouvera sur leurs bords
et dans les éclaircies un assez grand nombre de plantes intéressantes ou décoratives :

Melampyrum silvaticum.	Sisymbrium pinnatifidum.
Mercurialis perennis.	Polypodium villosum.
Digitalis purpurea.	— triangulare.
Dentaria pinnata.	Aspidium aculeatum.
Sanicula europæa.	Polystichum obtusum (P. Filix Mas).
Chrysosplenium alternifolium.	— spinulosum.
— oppositifolium.	Saxifraga aizoonia.
Adenostyles albifrons.	— stellaris.
Prenanthes purpurea.	— rotundifolia.
Doronicum austriacum.	Asplenium fimbriatum.
— cordifolium.	Senecio sarracenicus.
Mulgedium alpinum.	— cacalioideus.
— Plumerianum.	

et dans un marais tourbeux le *Carex pauciflora*, rare dans le
plateau central.

Mais la plus rare de ces charmantes productions est une petite Orchidée épiphyte, le *Listera cordata*, qui représente mo-
destement au Mont-Dore les brillantes végétations épidendres
des régions équatoriales. Il habite dans la Mousse, sur le tronc
des Sapins morts de vieillesse ou renversés par les orages, et
paraît fleurir d'autant mieux que son support s'élève davantage.
La plus belle colonie que je découvris habitait une vieille souche
de 1 m. 60 de haut et comprenait une douzaine de plantes fleuries au milieu d'un bien plus grand nombre de jeunes semis ne
portant que deux feuilles cordiformes étalées sur le tapis de
Mousse. J'ai retrouvé ensuite cette rare espèce dans la Mousse à
terre, mais toujours vivant en réalité sur la section d'un Sapin
tombé ou coupé par le pied.

Quoique assez abondant dans la forêt du Capucin, où j'aurais
pu en compter plusieurs centaines de pieds, je n'ai réussi à
me procurer en plusieurs jours qu'une trentaine d'échantillons
fleuris de *Listera cordata;* il est si petit et tellement entouré

qu'à peine peut-on le distinguer des Maianthèmes, des Oxalis, des Jungermannes qui partagent son domaine. En revanche, il reste fleuri pendant tout l'été, le périanthe persistant sur l'ovaire, même quand celui-ci a mûri ses graines.

Toutes ces récoltes nous avaient retenus longuement et la soirée s'avançait quand nous nous trouvâmes dans une pelouse circulaire qu'entouraient les doyens de la forêt. C'était le *Salon du Capucin*.

Trente ans auparavant, presque jour pour jour, le 27 juillet 1856, un Congrès botanique réunissait, à cette place même, un grand nombre de savants venus de tous les pays de l'Europe ; la Société botanique de France clôturait sa première session extraordinaire en province ; le regretté H. Lecoq présidait, et là, au milieu de ce magnifique décor, en présence de cette nature si calme aujourd'hui, mais qui porte profondément gravées les traces des bouleversements antérieurs, il disait éloquemment les révolutions successives qui ont transformé à plusieurs reprises cette antique terre d'Auvergne. Après lui le comte Jaubert, profitant de cette solennité pour rappeler les travaux de Ramond, dans les lieux mêmes qu'il avait tant aimés et si souvent parcourus, lisait à la réunion un mémoire du célèbre naturaliste sur la Géographie botanique de la province dont il avait été l'habile administrateur.

D'autres communications importantes étaient faites par MM. Lamotte, Germain de Saint-Pierre, qui prirent part à cette première session, en compagnie de plusieurs autres botanistes que nous avons eu le plaisir de voir vingt ans après, tour à tour, à Lyon, à Gap, en Corse, dans les Pyrénées, à Aurillac, etc., et parmi eux nous avons conservé la mémoire de MM. Wedell, Fournier, Germain de Saint-Pierre, Mangin, de Schœnefeld, Duvergier de Hauranne, Nylander, F. de Seynes.

Émus de ces touchants souvenirs autant que de la beauté du site qui nous les rappelait, nous demeurâmes longtemps livrés à nos rêveries jusqu'à ce que nous en fûmes tirés brusquement par l'un de nous chez qui le temps de la méditation n'empiétait jamais sur l'heure du dîner. Il nous fit observer que l'ombre montait rapidement du fond des vallées, que nous pouvions nous perdre dans l'obscurité au milieu de ces bois et qu'enfin le potage serait refroidi quand nous arriverions à l'hôtel.

Ces sinistres prédictions ne devaient pas se réaliser dans toute leur rigueur.

Il est bien vrai que la nuit nous surprit en route, que grâce à elle nous nous égarâmes quelque peu ; mais à l'hôtel le potage n'était pas froid, il était... mangé !

13 juillet VALLÉE DE LA COUR ET GORGE D'ENFER. — Jusqu'à présent je me voyais le seul botaniste botanisant à la Bourboule et aux environs. Les aimables compagnons qui voulaient bien parfois partager mes promenades m'étaient une agréable société, mais leur amour pour la Botanique se bornait au plaisir de cueillir un bouquet ou d'enfermer entre les pages de leur Guide quelques fleurettes à emblême plus ou moins transparent. Aussi quelle ne fut pas ma joie d'apercevoir ce matin, en mettant le nez à ma fenêtre, deux mignonnes boîtes vertes aux flancs de deux vigoureux abbés. Ces deux boîtes dénonçaient bien deux botanistes.

Or, la physiologie de l'espèce est assez connue pour que tout le monde sache qu'un botaniste seul s'ennuie, que deux botanistes se chicanent, mais que trois botanistes forment ce qu'on appelle en harmonie un accord parfait.

J'allais donc hêler ces deux collègues, lorsqu'un sentiment de discrétion et peut-être aussi de défiance retint sur mes lèvres l'exclamation prête à en sortir. Comme mon confrère et ami M. Viviand-Morel, je me méfie des petites boîtes, sous le rapport botanique, et celles-ci n'étaient guère plus grosses que des tabatières. Je résolus d'attendre et de surveiller leurs agissements avant de m'unir à leur destinée. Je les vis d'abord aller et venir sur les bords de la rivière, passer d'une rive à l'autre, cheminer côte à côte, revenir, s'arrêter comme dans l'attente de quelque chose, puis, au bruit d'une voiture qui arrivait, faire signe au cocher, et finalement partir avec lui dans la direction de Saint-Sauve. Mes pronostics ne m'avaient pas trompé ; ces petites boîtes herborisaient en voiture.

Deux heures après, je cheminais du côté opposé sur la route du Mont-Dore. Dans les haies qui la bordent, on trouve souvent le Merisier à grappes, mélangé à des Saules trop avancés pour qu'on puisse observer leurs organes floraux, mais assez distincts pour être reconnus à leur aspect, tels les *Salix caprea*, *S. fragilis*, *S. alba* et surtout le *S. pentandra*, très fréquent dans les montagnes où il constitue une des beautés du paysage.

Plus loin, au hameau de Genestoux, de gracieux parterres d'Œillets ornent les rochers de jolies fleurs roses, odorantes et délicatement fimbriées, c'est l'Œillet de Montpellier (*Dianthus monspessulanus*), que l'on rencontre fréquemment sur les deux rives de la Dordogne.

Après avoir dépassé le Mont-Dore je parcourus, un peu au hasard, la vallée des bains qui prend de plus en plus un caractère alpestre; le Sapin (*Abies pectinata*) y forme des forêts majestueuses qui remontent depuis le bord des ruisseaux jusqu'aux sommets des ravins et s'avancent même sur les rochers escarpés qui en forment le couronnement. Cet arbre, qui acquiert ici les plus grandes dimensions quand il se trouve dans un terrain favorable, se montre partout seul et sans aucun mélange de Picea (*Abies excelsa*). On ne rencontre ce dernier que dans les terrains de reboisement, où il a été introduit directement par la main de l'homme, comme, par exemple, aux environs de la Bourboule.

Le rival du Sapin dans ces montagnes, c'est le Hêtre; il constitue des forêts entières et se montre encore plus exclusif que le Sapin sur les terrains dont il a fait son domaine, n'y souffrant aucune autre espèce d'arbre et refoulant même le Sapin, devant sa marche envahissante. Le climat humide de la Haute Auvergne lui convient à merveille et il est, avec le *Juniperus alpina,* le végétal ligneux qui vit le plus haut au-dessus de la région des forêts. On le trouve rabougri, roussi par les froids de ces hauteurs, réduit à l'état d'arbuscule, ses premières frondaisons souvent détruites par les gelées du printemps, mais se maintenant envers et contre tous dans ce rigoureux climat.

Cependant les habitants du Mont-Dore prétendent que le Hêtre ne s'est introduit que récemment dans la contrée, mais que depuis cette époque il tend toujours à gagner sur le Sapin. Ce serait un envahissement analogue à celui qui a été observé dans le Danemark et en Hollande, et que M. Vaupel, de Copenhague, a signalé pendant la session de la Société botanique de France, à Clermont.

Le Hêtre n'existe dans ces deux pays que depuis deux mille ans environ, car on n'en retrouve pas de traces, ni feuille, ni fruit, dans les tourbières; toutes les anciennes forêts naturelles étaient composées de Pins silvestres (*Pinus silvestris*). Depuis cette époque, le Hêtre s'est tellement substitué au Pin qu'on a pu dire, sans exagération, qu'il n'existe plus actuellement dans ces pays un seul pied de cette essence qui soit réellement sauvage. On prétend qu'à l'époque où César pénétra dans la Bretagne (Angleterre), il n'y trouva pas le Hêtre qui abonde de nos jours, et on a constaté les mêmes faits en Russie où ce mouvement de migration aurait déjà atteint la limite orientale de la Russie d'Europe.

Quelques naturalistes ont tenté d'expliquer ces faits par une sorte d'assolement naturel, qui soumettrait la végétation des forêts à une alternance périodique, de la même façon que le cultivateur qui ensemence chaque année son champ de récoltes de nature différente; d'autres voient dans cet envahissement un phénomène assimilable aux migrations des plantes qui abandonnent des formations anciennes pour s'établir sur de récents terrains d'alluvion.

Quoi qu'il en soit, ce mélange de Hêtres et de Sapins sur les pentes du Mont-Dore fait naître d'heureux contrastes entre le feuillage gai et lustré du premier et les masses sévères du second.

A leur ombre se développe toujours une plantureuse végétation herbacée, composée à peu près des mêmes espèces que nous avons rencontrées précédemment dans des localités analogues. Ce sont les *Sonchus alpinus* et *Plumieri*, les *Doronicum austriacum* et *cordatum* (*Pardalianches*), les *Ranunculus aconitifolius* et *platanifolius*, l'*Angelica silvestris*, le *Digitalis purpurea*, le *Petasites albus*, le *Polystichum obtusum* (*P. Filix-Mas*), l'*Asplenium fimbriatum* (*A. Filix-fœmina*), formant d'épais fourrés au bord desquels fleurissent des plantes plus délicates, *Geranium silvaticum*, *Polygonum bistortum* (*Bistorta L.*), *Myosotis silvatica*, etc. Une plante nouvelle vient enrichir ma liste, c'est le rare *Meconopsis cambrica*, que j'ai cherché deux ans de suite sans réussir à le découvrir, dans les bois de Saint-Rigaud (Haut Beaujolais), où il a été indiqué par M. l'abbé Fray. Je le rencontre pour la première fois sur ces pentes ombragées portant en même temps des fleurs jaunes, élégantes et fugaces et des capsules déjà mûres. Cette belle Papavéracée n'est pas rare sur le plateau central et se retrouve ensuite abondamment dans les Pyrénées. Dans le bassin

moyen du Rhône elle ne compte que quelques stations : Val-
benoîte, au bord du Bois-Noir, dans la Loire ; alluvions de
l'Agout, l'Espinouse à Fraisse, dans l'Hérault ; enfin dans le
Beaujolais au bois du Tour, sur la montagne de Saint-Rigaud,
où je ne l'ai pas retrouvé. Au pied des Sapins, les *Lysimachia
nemoralis, Asperula odorata, Stellaria nemoralis, Mœhringia
trinervia*, etc., se disputent l'espace et entrelacent leurs tiges
débiles ; les bords des petits ruisseaux sont occupés par la Reine-
des-Prés (*Spiraea ulmaria*), les Saxifrages à feuilles rondes et
étoilées, le *Crepis paludosa*, le *Cirsium palustre*, tandis que
dans l'eau le *Stellaria uliginosa* et le *Veronica crassifolia*
(*V. Beccabunga*) forment de larges tapis fleuris. Dans ces lieux
sauvages on est quelque peu surpris de trouver deux plantes
qui recherchent d'ordinaire le voisinage de l'homme et des
habitations : la grande Ortie et l'Oseille des Alpes (*Urtica
diœca, Rumex alpinus*).

Les arbres s'éclaircissaient, enfonçaient leurs pieds dans
des amoncellements pittoresques de roches trachytiques, et une
végétation différente s'établissait sur ce terrain nouveau. La
Bruyère et l'Airelle vivaient en commun sur les blocs épars, le
Framboisier sauvage, le Chèvrefeuille à fruits noirs, le Sureau
à grappes, le Groseiller des rochers, le Sorbier des oiseleurs,
remplissaient les intervalles entre les Hêtres et les Sapins,
et ornaient les massifs de verdure de leurs baies colorées.

Bientôt je me trouvai à l'entrée de la vallée de la Cour. Deux
énormes rochers formés de colonnes de trachytes empilées les
unes sur les autres livrent un étroit passage dans le vallon ;
ensuite le cirque s'élargit, des pelouses en tapissent les pentes,
et un petit ruisseau y prend sa source. Tout autour les Puys
élèvent leurs têtes arrondies couvertes de gazon, ou se dressent
en aiguilles farouches.

Une arête tranchante sépare la vallée de la Cour du Val
d'Enfer ; le talus rapide couronné de rochers offre, de l'une à
l'autre, un chemin difficile et glissant, mais court et direct.

Au milieu des touffes d'Arnica et d'Anémone, d'Aconit et
de Gentiane, croissant dans les pelouses et dans les ravins, un
Œillet, le *Dianthus cœsius* couvre les rochers de gazons roses
aux plus suaves parfums. Du sommet de l'arête on découvre à
ses pieds le sinistre Creux d'Enfer, où les feux souterrains ont
laissé de si terribles vestiges de leur puissance et de leur fureur :

des cheminées de trachytes s'élèvent à trois ou quatre cents mètres d'un seul jet au-dessus du fond de la gorge, des rochers étranges se penchent sur ce gouffre effrayant; il semble que le voyageur qui s'aventure dans ce lieu n'en doit recevoir que des impressions de terreur et de désolation.

Mais la main qui créa ces beautés sauvages y répandit à profusion ce que la nature produit de plus gracieux et de plus doux : frais gazons, eaux limpides et courantes, fleurs embaumées aux brillantes couleurs. Et, sous le rideau verdoyant des végétations envahissantes, ces profondes blessures de la terre disparaissent peu à peu. Pour éviter de trop nombreuses répétitions je ne signalerai, dans toutes ces richesses végétales, que celles qui sont plus spéciales à cette localité.

Descendant d'abord la crête abrupte du haut de laquelle je venais d'embrasser d'un coup d'œil tout le Val d'Enfer, je cherchai sur les rochers qui sont à droite, en entrant dans la vallée, le *Veronica saxatilis* qu'y avait trouvé M. Lamotte, en 1856, en société avec le *Dianthus cæsius*, *Erigeron alpinus*, *Sedum repens*, etc. Puis, çà et là, en parcourant les pentes, les bords des sources et des petits ruisselets qui courent dans les pierres ou sur le gazon, j'observai le joli *Saxifraga aizoònia* dont les rosaces fleuries s'attachent aux rochers, le *Cerastium alpinum*, le *Saxifraga penduliflora*, forme voisine du *S. granulata*, le *Trifolium nivale* (Sieb.), variété montagnarde du Trèfle des prés, *Luzula glabrata*, le rare *Trifolium glareosum* mêlé aux trèfles à fleurs jaunes, *T. spadiceum* et *badium*. Sur les points où le gazon déchiré laisse percer la terre maigre et sableuse pareille à des cendres, qui compose la montagne entre les rochers, des touffes de *Biscutella laevigata* var. *arvernensis* s'enracinaient au milieu de véritables tapis d'*Astrocarpus sesamoideus* appliqués contre le sol ; c'est encore ici que se trouve le *Rumex scutatus*, rare dans les monts Dores.

Une plus longue exploration de cette localité m'aurait sans doute procuré d'autres découvertes, mais la journée s'était écoulée presque tout entière dans ces recherches et je tenais à rentrer au Mont-Dore assez tôt pour prendre la voiture de la Bourboule.

14 *juillet*. Un essai de Classification. — La journée du 14 juillet se présenta sous de mauvais auspices. Dès le matin,

le vent d'ouest venait battre par rafales contre les croisées de
ma chambre ; de gros nuages voyageaient lourdement dans le
ciel gris. De ma fenêtre, qui s'ouvrait sur la Dordogne, je
reconnus, errant de long en large, sur le quai, les naturalistes
aux deux petites boîtes vertes déjà entrevues la veille. Ils
consultaient le ciel avec anxiété, faisant de grands gestes vers
les nuages, je les voyais se séparer précipitamment comme
décidés à agir chacun pour son compte, puis se réunir de
nouveau pour tenir conciliabule, l'un montrant une éclaircie
dans le nord, l'autre de sombres vapeurs accourant du sud ;
ensemble ils vinrent interroger le baromètre de l'hôtel, et
retournèrent l'instant d'après observer de nouveau le temps.

En ce moment quelques gouttes d'eau ayant commencé à
tomber, les deux boîtes subitement d'accord s'engouffrèrent à la
fois par la porte de l'hôtel pour n'en plus ressortir.

Evidemment, ce n'étaient pas de ces boîtes aventureuses
et téméraires qui se risquent par tous les temps et s'exposent à
tous les hasards de la route, elles appartenaient plutôt à la
catégorie des boîtes prudentes et circonspectes pour qui la
température n'est point chose indifférente en voyage, et qui
ont une répugnance égale pour toutes les sortes d'intem-
péries.

Car c'est une vérité trop méconnue qu'il existe au moins
autant d'espèces de boîtes qu'il y a de sortes de botanistes. Il
y a des boîtes coquettes et élégantes comme il en est de lourdes
et massives, des distinguées et des communes ; on en honore
quelques-unes, on dédaigne le plus grand nombre ; j'en connais
d'ambitieuses et d'autres désintéressées, des fières et des
humbles. Bien plus, une sorte de hiérarchie s'établit entr'elles
et les subordonne les unes aux autres. Qui donc, par exemple,
aurait l'irrévérence de mettre sur le même rang la boîte auguste
du professeur et le vulgaire ferblanc de l'herboriste ? Cette
classification n'a pas encore été codifiée, il est vrai, mais elle
préexiste certainement dans l'esprit de la foule qui a une
tendance bien connue à tout ranger par catégories.

Et, remarquez que je laisse de côté les boîtes plus ou moins
profanes, la boîte de la jeune fille, gracieuse et mignonne, et
qui ne s'ouvre qu'aux fleurs de choix ; la boîte de l'amoureux,
qu'a poétisée la lithographie dans une gravure populaire : un
jeune homme et une jeune fille en costume du XVIIIe siècle

marchent côte à côte dans un chemin, à l'ombre des bois ; tous deux ont pour complice une boîte de Dillenius. Celle-ci n'a guère de physionomie spéciale, seulement on peut la reconnaître à la préférence qu'elle affecte pour certains endroits choisis, elle s'attarde volontiers dans les petits sentiers qui fuient en tournant dans les bois et souvent elle revient vide.

Pendant mon séjour au Mont-Dore il me fut donné de reconnaître une autre espèce de boîte, mais vous jugerez si elle doit trouver place parmi les boîtes de Botanique. C'était sur le chemin rebattu du Sancy ; devant moi montaient péniblement une boîte, un monsieur et un bâton s'appuyant respectivement l'un sur l'autre et ce dernier par terre. Augurant de cette similitude d'équipement une certaine conformité de goûts et d'occupations, j'engageai la conversation avec le monsieur : elle eut bientôt pour sujet la belle boîte à robe verte. Son propriétaire m'en faisait remarquer les proportions, la fermeture et surtout une innovation dont il était l'inventeur, et qui consistait dans l'aménagement, aux extrémités, de deux compartiments où il mettait, d'un côté, une petite pharmacie de voyage, de l'autre un nécessaire de toilette. — Et voyez, me disait-il, le compartiment du milieu, grand comme il l'est, me suffit bien pour des excursions d'une journée ou deux. — Evidemment, lui dis-je, en les serrant un peu il doit aller là-dedans bon nombre de plantes, surtout si vous...

Mais il m'interrompit d'un air surpris. — Des plantes ? que voulez-vous que j'en fasse, des plantes ? c'est de mon déjeuner que je vous parle.

Celui que j'avais pris pour un confrère était un gastronome ambulant.

15 *juillet*. LE PIC DU SANCY PAR LES ARÊTES DES PUYS. — Comme je n'étais pas encore allé au sommet le plus élevé du Mont-Dore, je résolus d'y monter le jour même si le temps, encore un peu incertain, n'y mettait point d'obstacle. Pour éviter une heure de marche sur la route fastidieuse du Mont-Dore, je m'engageai de suite, derrière l'hôtel, dans le chemin qui m'avait conduit précédemment au col que traverse la route de la Tour.

J'avais pensé alors que je trouverais bien moyen d'arriver de là au Sancy. La vaste étendue de pâturages et de ravins, semés de rocs et sillonnés de ruisseaux, que j'aurais à parcourir dans ce trajet me promettait une belle herborisation. Traversant rapidement les localités reconnues pendant ma première course, j'atteignis bientôt un point marqué 1374 mètres sur la carte, d'où je pouvais embrasser du regard la plus grande partie des terrains environnants et y choisir un itinéraire en rapport avec le but de mon voyage.

Au-dessous de moi, sur la droite et dans la direction du *Roc de Courlande*, on voyait des flèches de Sapins sortir d'un pli du sol, j'y descendis, attiré par l'espoir d'un riche butin, et me trouvai bientôt au bord d'un vallon étrange, faisant avec les vastes prairies au milieu desquelles il s'ouvrait le contraste le plus frappant et le plus inattendu.

Des blocs de rochers de toutes formes et de toutes dimensions en couvraient les pentes très adoucies, les uns paraissant avoir été simplement roulés jusque-là, les autres y tenir par de profondes racines et sortir des entrailles mêmes de la terre. De vieux Sapins s'accrochant à toutes les anfractuosités du roc ont réussi à peupler cette solitude, mais leurs troncs décapités par les tempêtes à mesure qu'ils s'élèvent au-dessus de la ligne protégée par la saillie du terrain, leurs branches noueuses et mutilées, leur taille amoindrie, tout indique quels rudes assauts ils ont eu à soutenir pour défendre leur existence précaire. A les voir enveloppés du haut en bas des longs filaments blancs de l'*Usnea barbata*, on les prendrait pour la personnification du bonhomme Hiver frissonnant dans sa barbe grise.

La végétation herbacée est plus prospère et plus variée. Je ne présenterai pas de celle-ci un tableau général qui m'obligerait à de nombreuses répétitions, car elle se compose d'une grande partie des plantes déjà rencontrées dans les forêts en montant, avec cette particularité qu'ici le sol et l'altitude favorisent l'ampleur et la vivacité des organes colorés (fleurs), aux dépens du développement des parties vertes (feuilles et tiges).

Sur les blocs de trachytes où vivaient de nombreuses colonies de Mousses et de Lichens, je recueillis, parmi les Myrtilles et les Bruyères, de beaux pieds de *Sedum fabarium* croissant en compagnie du *Sedum alpestre* et du *Sisymbrium pinnatifidum*; à côté, le *Veronica alpina* formait de petits gazons bleus sous les larges ombelles du *Libanotis montana*. Un ruisseau courant entre les roches m'offrit sa bruyante compagnie que j'acceptai; je récoltai, en suivant ses bords, la Lunaire aux belles fleurs violacées et odorantes (*Lunaria rediviva*), le petit Jonc des Alpes (*Juncus alpinus*), la Grassette commune (*Pinguicula vulgaris*), le *Polygala depressum*, la majestueuse Impératoire (*Imperatoria trilobata* (*Ostruthium*), des Cerfeuils variés (*Chærophyllum aureum, umbrosum* et *hirsutum*).

Sortant du bois, toujours en remontant le ruisseau, et après avoir traversé un plateau marécageux où il prend sa source, je me dirigeai dans la direction des Puys dont les longues pentes herbeuses se déroulaient sans interruption depuis leurs sommets jusqu'à mes pieds.

Le temps s'était mis au beau ; la chaîne du Cantal dont les sommets se perdaient dans les nuages s'était dégagée entièrement, conservant seulement au-dessus de ses arêtes un dôme de vapeurs condensées ; un air plus vif raffermissait les organes débilités par la chaleur humide des jours précédents.

Je marchais avec entrain dans ces pâturages déserts, heureux de cette solitude et de ce recueillement.

Bientôt la route me fut coupée par un ravin profond de quelques mètres qui servait d'écoulement à de nombreuses sources descendues des hauteurs, je me laissai glisser sur les berges gazonnées jusqu'au bord de l'eau et la suivis en remontant son cours le long de son lit sinueux ; le *Geum rivale* y montrait ses fleurs penchées, d'un rouge brun ; la Filipendule (*Spiræa filipendula*) ses corymbes blancs ; et deux Myosotis, le *palustris* et l'*alpestris*, dessinaient par places de petits parterres bleus, l'un au bord des eaux, l'autre sur les pentes herbeuses et sèches. De loin on apercevait de larges bouquets jaunes formés par de grosses touffes d'Euphorbe d'Irlande (*Euphorbia hibernica*) venant au milieu des buissons argentés-grisâtres du Saule rampant (*Salix repens*).

Dans les gazons humides du bord de l'eau, le *Sagina Linnæi* ouvrait au soleil ses petites étoiles blanches, le *Potentilla aurea* ses grands pétales dorés, et au-dessus d'eux le *Festuca nigrescens* balançait ses panicules violettes.

A mesure que j'avançais, je laissais à droite et à gauche de petits tributaires du ruisseau principal ; celui-ci en perdant de son volume avait moins profondément creusé son lit, qui ne fut bientôt plus qu'un étroit sillon à peine marqué dans ces vastes étendues.

De temps en temps quelque nouvelle espèce se montrait dans

l'herbe, d'abord les épis fleuris de l'*Orchis albidus*, puis les calathides orangées du *Senecio doronicifolius* ou les capitules jaunâtres de l'*Allium victoriale*.

J'étais arrivé sur la ligne de faîte, à une sorte de selle échancrée entre deux Puys ; en face, à mes pieds, se creusait une profonde vallée où plongeaient des pentes rapides ; à ma gauche une longue arête réunissait le Sancy aux sommets que je venais de gravir. Devais-je tenir la hauteur et marcher au Sancy par cette arête tranchante ? ou serait-il mieux de descendre dans la vallée et de tourner le rempart de rochers derrière lequel m'apparaissait, surmonté de sa croix de fer, le point culminant du plateau central ? Je me déterminai pour ce dernier parti.

Tout alla bien d'abord, la descente n'était qu'un jeu et j'escomptais déjà le plaisir de me trouver sur les hautes coupoles gazonnées que j'avais en face de moi et qui devaient être, suivant mon appréciation, le sommet du Puy Ferrand, lequel est relié au Pic de Sancy par des pentes faciles et douces et un sentier bien frayé.

Hélas ! on a beau avoir l'expérience des montagnes, on ne prévoit jamais les surprises qu'elles tiennent en réserve.

J'étais parvenu assez bas vers le fond de la côte, et il ne me restait plus qu'à la traverser perpendiculairement à sa pente pour aboutir en un point où les flancs du Puy Ferrand et du Sancy se rejoignaient, juste au-dessous des rochers peu engageants qui défendent l'approche de ce dernier et qui se trouvaient tournés par cette manœuvre.

Je n'avais pas fait vingt mètres dans cette direction que je me trouvais avec un vide tout noir sous les pieds ; dans le fond coulait un torrent. C'était une étroite crevasse creusée par les eaux et qui m'obligea à un long détour avant de m'offrir un point sur lequel elle pût être franchie. Un peu plus loin s'en présenta une autre, puis encore une autre, et ainsi de suite jusqu'à la douzaine, toutes variant de profondeur et de largeur, mais chacune m'imposant une gymnastique pénible pour descendre et remonter ses parois escarpées ou croulantes, et franchir son lit rocailleux ou vaseux.

Toute cette face de la montagne est ainsi sillonnée d'érosions profondes, qui, vues d'en haut, apparaissent comme de simples rigoles faciles à enjamber, mais dont la traversée exige en réalité beaucoup de temps et d'efforts.

Je franchissais un des nombreux arroyos dont j'ai parlé, lorsque je remarquai sur ses bords, au milieu de touffes luxuriantes de *Geum rivale*, une plante singulière ressemblant à celui-ci par ses tiges, ses feuilles, ainsi que par ses fleurs penchées à l'extrémité des pédoncules, mais se rapprochant du *Geum montanum* par ses pétales jaunes et ses styles droits.

Je m'empressai de récolter tous les spécimens que je pus atteindre, — un petit nombre malheureusement, — et je continuai ma route enchanté de cette bonne aubaine (1).

Bientôt je pris pied sur un terrain plus favorable ; une sorte de sentier s'ébauchait dans les pelouses et les éboulis, et je croyais toucher à la fin de mes peines lorsque je fus abordé par un petit pâtre qui me persuada que je faisais fausse route et que je ne pourrais pas atteindre de ce côté le sommet du Sancy ; je m'en rapportai naïvement à lui, et bien à tort, car après une demi-heure d'ascension je serais parvenu au col où s'arrêtent les montures des touristes et où commence le sentier de piétons qui conduit à la croix de fer plantée sur la montagne.

La perspective de recommencer, pour m'en retourner, les exercices fatigants auxquels je venais de me livrer en plein soleil, sur cette côte exposée au midi, ne me séduisait pas du tout, et

---

(1) A ce moment je croyais avoir, le premier, découvert cette plante intéressante au Mont-Dore, aucun des ouvrages que j'avais à ma disposition ne signalant sa présence dans ces montagnes ; j'en adressai aussitôt à la Société Botanique de Lyon quelques échantillons qui furent présentés à la séance du 20 juillet 1886. M. le Dʳ Saint-Lager voulut bien continuer au sujet de cette forme remarquable les recherches bibliographiques que mes occupations ne m'avaient pas permis de compléter, et je me préparais à en donner une description et une figure dans le prochain numéro de nos Annales, quand parut dans le Bulletin de la Société botanique de France une étude fort complète des formes hybrides qui existent entre les *Geum rivale* et *G. montanum*. Cet article, dû à notre très savant collègue M. le docteur Gillot, d'Autun, résume exactement tout ce qui a été publié sur ces formes rarement observées et il porte précisément sur des plantes récoltées au Mont-Dore et dans le Cantal par deux botanistes de la région qui les y ont observées depuis plusieurs années.

J'avais donc été devancé de beaucoup dans cette découverte, et le travail si complet de notre excellent collègue ne m'avait rien laissé à dire sur ce sujet. J'y renvoie les lecteurs de nos Annales. (Bull. soc. bot. Fr. xxxiii, 548.)

M. Dode, de Saint-Flour, a également envoyé à la Société botanique de Lyon des hybrides des *Geum montanum* et *G. rivale*, très voisines de celles que j'ai récoltées moi-même. M. Dode les avait trouvées au Lioran, dans le Cantal.

Il est surprenant qu'une plante aussi nettement caractérisée que cet hybride ait pu échapper aux recherches de botanistes aussi sagaces que Lecoq et Lamotte.

dans l'intention d'échapper à cette éventualité je commençai à gravir la pente de gazon, d'éboulis et de rochers, droit devant moi jusqu'à ce que j'atteignisse l'arête qui m'était indiquée comme le seul chemin praticable.

Autour de moi croissaient diverses plantes déjà rencontrées, mais qui sont encore bonnes à signaler, sur ce versant de la montagne, que je crois peu visité.

Anemone alpina *et variétés*.	Bupleurum longifolium.
Cardamine resedifolia.	Imperatoria trifoliata (Ostruthium).
Biscutella arvernensis.	Petasites albus.
Astrocarpus sesamoideus.	Leucanthemum Delarbrei.
Silene rupestris.	Gnaphalium norvegicum.
Cerastium alpinum.	Leontodon pyrenaicus.
Genista Delarbrei.	Picris pyrenaica.
Geum montanum.	Phyteuma orbiculare.
— rivale.	Primula elatior.
Saxifraga hypnoidea.	Myosotis alpestris.
Astrantia major.	Veronica alpina.
Vicia oroboidea.	Pedicularis foliosa.
Abiga pyramidalis.	Polygonum viviparum.
Thlaspi brachypetalum.	Orchis albidus.
— var: vulcanorum.	— viridis.
— virens.	Avena versicolor.
Rumex scutatus.	Festuca spadicea.
Hieracium cerinthoides.	Poa alpina.
— vogesiacum.	Botrychium lunare.
— spicatum.	Selaginella spinulosa.
Erigeron alpinus.	Lycopodium selaginum.

Comme on le voit par la liste précédente, ces pentes ravinées et abondamment arrosées sont des plus riches, et une exploration un peu minutieuse de leurs diverses parties donnerait probablement encore d'autres espèces; mais le parcours en est long et pénible.

Parmi les plantes que je viens de citer il en est quelques-unes qui méritent une mention spéciale.

Vicia oroboidea, remarquable par l'élégance de ses fleurs rayées de rose et de violet; elle est assez abondante dans tout le Mont-Dore, et ses touffes forment une parure gracieuse dans les prairies de la montagne.

Genista Delarbrei. Forme montagnarde du *G. tinctoria* dont elle se distingue par ses fleurs plus grandes, son feuillage plus ample, ses gousses arrondies au sommet. On dit qu'elle revient au type dans les basses vallées. On la trouvait abondamment dans les pentes herbeuses au-dessus de Neufont.

Leucanthemum Delarbrei. Simple variété à fleurs bien plus grandes que dans le type, que Delarbre avait appelée *L. atratum*, à cause des écailles du péricline qui sont noires sur les bords.

Cependant j'étais parvenu à me hisser sur l'arête, dominant à pic le Creux d'Enfer d'un côté et des prairies très inclinées de l'autre ; quelques rochers hérissaient cette crête aigüe et surplombaient à droite et à gauche. Le *Festuca spadicea*, abondant sur ces pentes rocailleuses et battues des vents, dominait de ses panicules brunissantes quelques humbles végétaux des hauts sommets, *Soldanella alpina*, *Androsace carnea*, *Phyteuma hemisphæricum*, *Gentiana verna*, *Pedicularis comosa*, etc., qui rachètent par la grâce et le coloris de leurs carolles la majesté manquant à leur taille.

Un seul passage demande quelques précautions, c'est une bande de gazon de moins de deux mètres de largeur et inclinée de 35 à 40 degrés. Des deux côtés elle tombe par des parois abruptes de quelques centaines de pieds au fond des vallées latérales. Une glissade à cet endroit serait donc assez dangereuse. Avant de le traverser, seul et sans bâton de montagne, — ayant jugé ce dernier superflu pour ces excursions généralement faciles, — je pris la précaution de m'assurer si mes gros souliers ferrés, déjà bien éprouvés par un séjour d'une semaine sur les glaciers du Mont Blanc, seraient en état de me retenir sur cette surface inclinée et glissante ; quoique un peu usés, les clous présentaient encore une saillie rassurante. Quelques minutes après je m'asseyais au pied de la Croix à 1886 mètres d'altitude.

La soirée était très belle et la vue magnifique. On se sent d'autant plus impuissant à décrire cette sorte de spectacle que l'on en a joui plus délicieusement et d'une façon plus complète. C'était l'heure du dîner au Mont-Dore, le son des cloches qui l'annonçaient arrivait parfaitement dictinct à mes oreilles. La montagne était partout déserte, et cet isolement dans ces lieux solennels ajoutait encore à leur puissante majesté.

J'aurais pu descendre par la route ordinaire et arriver encore à temps pour prendre au Mont-Dore une voiture pour la Bourboule, mais j'avais résolu d'employer tous les instants de cette journée au profit de la Botanique et je repris. le chemin de l'arête par laquelle j'étais arrivé. En me tenant sur la ligne de faîte, je faisais tout le tour du Creux d'Enfer et de la vallée de la Cour et je complétais de la sorte la reconnaissance que j'avais entreprise l'avant-veille dans cette partie du massif qui est située au sud-ouest de la vallée de la Dordógne, jusqu'au col du Sancy.

Au point de vue pittoresque, c'est la plus belle promenade qu'un amateur de montagne puisse entreprendre dans les environs. On domine tour à tour les sites sauvages du Creux d'Enfer et les riantes prairies du vallon de la Cour, dont on côtoie les bords supérieurs par un sentier hardi, suspendu au-dessus de l'abyme.

Si l'on peut reprocher, non sans motif, à la route ordinaire du Sancy d'être devenue banale par la société cosmopolite que l'on y rencontre et les objets vulgaires dont on l'émaille, bouchons à champagne, os de poulets, enveloppes de pâtés, etc., cette critique ne saurait atteindre le sentier des crêtes qui a conservé toute sa sauvagerie, grâce à la solitude que lui fait l'abandon des touristes dont la foule toujours un peu moutonnière se presse dans les chemins battus.

Le parcours de cette longue arête ne me procura qu'un petit nombre d'espèces nouvelles ; mais à défaut de découvertes inattendues, j'y rencontrai les pelouses les plus fraîches et les mieux fleuries que j'eusse encore trouvées au Mont-Dore.

Sur le versant du Puy de Cliergues, au pied d'un énorme rocher qui les couvre au loin de son ombre, des pentes de gazon se déroulent comme un tapis onduleux jusqu'au fond de la vallée de la Cour ; mille fleurs variées s'y conservent épanouies à l'abri des rayons brûlants du soleil, formant de petites colonies où semblent s'être donné rendez-vous les plus belles espèces qui habitent ces montagnes. Les boules d'or du Trolle, les capuchons bleus de l'Ancolie, les épis feuillés de la Pédiculaire et de la Bugle pyramidale, s'arrangent en bouquets variés, tandis qu'à côté les Arnicas et les Séneçons font société avec la Campanule à feuilles de Lin, la grande Astrance, l'Angélique des Pyrénées, le Myosotis alpestre, la Renoncule blanche, la Soldanelle aux corolles fimbriées, le Trèfle rose des Alpes, la petite Gentiane printanière, la Renouée vivipare et l'Orchis blanc.

Mais la reine de cette petite population fleurie est l'Anémone des Alpes dont les larges étoiles blanches ou soufrées dessinent dans la prairie des constellations capricieuses et irrégulières. Je ne l'avais encore rencontrée que passée et en fruit, et j'éprouvais une joie d'enfant à cueillir à poignées ses belles fleurs si brillantes et si fraîches, à les arranger en bouquet dans mes mains, à en emplir ma boîte pour les amis absents.

Comme l'a très bien fait observer M. le docteur Saint-Lager à propos de la plante du Cantal, l'Anémone des Alpes qui se trouve en Auvergne appartient à cette forme à feuille plus velue, plus finement découpée, à taille généralement plus élevée, que l'on distingue sous le nom de *A. myrrhidifolia*.

Une autre plante très intéressante, spéciale au plateau central et aux Pyrénées, bien qu'elle se rattache étroitement à une espèce voisine commune partout, croît en abondance dans cette localité, c'est le *Luzula glabrata*. On le reconnaît facilement à ses feuilles glabres, à ses panicules dépassant peu les bractées, à ses souches faibles, presque nulles, caractères qui le séparent suffisamment du *Luzula silvatica* pour expliquer son élévation au rang d'espèce. L'habitat des deux plantes est aussi bien différent. La première vient en Auvergne et dans les Pyrénées dans les endroits découverts, prairies élevées et fraîches, bords des ruisseaux ; la seconde se rencontre beaucoup plus bas dans les lieux boisés et par toute la France.

Bien d'autres fleurs encore nuançaient de leurs vives couleurs la verte pelouse étendue en ce moment sous mes yeux : *Geum montanum*, *Pimpinella magna* à fleurs d'un rose vif, Aconit bleu (Napel), Potentille dorée.

C'était l'heure du coucher du soleil ; la brise qui s'élève au déclin du jour sur la montagne, commençait à souffler sur les prairies et faisait onduler comme les flots d'un lac leur surface diaprée ; un nuage transparent descendu sur le Sancy jouait dans les rochers du sommet ; l'ombre des montagnes s'allongeait à leurs pieds, remplissait les vallées et remontait lentement les versants opposés, tandis que leurs cimes encore plongées dans l'atmosphère éblouissante du couchant revêtaient cette chaude couleur qui ne s'étend point comme un simple lavis sur les objets, mais semble plutôt être l'émanation directe et spontanée de corps lumineux.

Je restais longtemps à regarder ainsi s'éteindre une à une les sommités que la lumière abandonnait ; elles se voilaient tour à tour devant le jour mourant et bientôt leurs têtes livides et mornes, se dressèrent toutes noires dans le ciel refroidi.

Alors je détalai à grandes enjambées vers le bas de la montagne, où j'apercevais à une distance considérable le chalet du Capucin s'effaçant dans l'obscurité croissante. J'y arrivai fort échauffé de ma course et très désireux de m'y réconforter. Une déconvenue m'attendait: le propriétaire était parti après l'avoir fermé à clé. Heureusement j'entendais près de là le bruit harmonieux d'une source s'échappant de son cornet de Sapin et l'eau glacée m'eut bientôt rendu une température plus convenable.

La nuit était tout à fait noire quand je m'engageai sous la voûte obscure de la forêt du Capucin ; par bonheur, ses détours m'étaient devenus familiers et j'arrivai sans incident à la Bourboule.

Vallée de Chaudefour. — J'avais employé la journée du 16 à classer et à soigner mes récoltes de la veille, mais dans la nuit du 16 au 17, je partis vers minuit, en compagnie de quelques personnes que j'avais rencontrées dans le cours de mes excursions et avec lesquelles j'avais pris rendez-vous pour un voyage au Sancy.

Nous étions au nombre de cinq : le docteur Veyrière de la Bourboule ; M. X..., officier supérieur du génie, deux étudiants en médecine parisiens et moi. Nous devions monter sur le plateau de Bozat et arriver au sommet du Sancy par le même chemin que j'avais pris l'avant-veille pour en revenir. Le plateau de Bozat était un terrain nouveau pour moi; mais l'ayant parcouru avant le jour, je n'appris guère à le connaître. Le soleil se levait quand nous arrivâmes au sommet du pic, pendant que les gorges profondes restaient plongées dans une mystérieuse obscurité qui semblait les enfoncer sous nos pieds à une distance plus grande encore. Le spectacle que nous avions sous les yeux de ce point culminant, à cette heure matinale, nous impressionna vivement.

La journée s'annonçait très belle et nous laissait la perspective de longues heures à parcourir la montagne en liberté; ni les uns ni les autres n'étions embarrassés de l'emploi de notre temps et nous nous mîmes aussitôt en campagne pour n'en rien perdre.

Le Creux d'Enfer, qui s'ouvre au-dessous du Pic de Sancy, est accessible directement par un couloir presque à pic peu fréquenté des touristes, mais cependant praticable pour les personnes habituées aux passages de montagnes, c'est ce qu'on appelle une cheminée, et celle-ci, en raison du lieu où elle mène est dite Cheminée du Diable. — Au sommet de cette cheminée se trouve une plant e qui n'a pas d'autre station dans le plateau central, c'est le *Salix herbacea* dont la tige ligneuse et souterraine ne laisse paraître au-dessus du sol que de petits rameaux herbacés d'un centimètre au plus.

Les flancs gazonnés de la montagne portent encore les dernières fleurs du *Narcissus grandiflorus* (*N. pseudo-Narcissus*), fréquent sur ces sommets qu'il escalade jusqu'en haut, décorant de ses périanthes jaunes des prairies de *Festuca spadicea*, *Avena versicolor*, *Nardus stricta*, *Lycopodium selaginum* et *sélaginoides*, *Poa alpina*, *Luzula spicata*, *Alchimilla alpina*, *Plantago alpina*, etc., jusqu'à l'*Ægilops ovata*, que je ne serais pas venu chercher si haut, mais que je note néanmoins en passant.

En descendant le col du Sancy vers les sources de la Dore, on retrouve encore abondamment le *Narcissus grandiflorus*, mélangé à de nombreuses espèces : *Geum montanum*, *Anemone alpina*, *Gnaphalium norvegicum*, *Orchis albidus*, *viridis*, *conopeus*, *Allium victoriale*, *Polygonum viviparum*, *Senecio doronicifolius*, *Phyteuma orbiculare*, *Myosotis alpestris*, *Trifolium alpinum*, *Soldanella alpina*, etc. ; et dans les endroits humides : *Viola palustris*, *Saxifraga stellaris*, *Oxycoccos palustris*, *Andromeda polifolia*, *Empetrum nigrum*, *Salix Lapponum*, *Eriophorum vaginatum*, et *alpinum*. Une variété naine de *Caltha palustris*, épanouit ses boutons d'or dans une prairie inondée au-dessus de laquelle se balancent les Corymbes lilacés du *Cardamine pratensis* et les fleurs laiteuses du *Ranunculus aconitifolius*. Une variété de la Gentiane Pneumonanthe à tiges très courtes fait des touffes compactes du plus joli bleu de roi.

Les nombreux ruisselets qui décrivent de grands circuits sur ce plateau marécageux sont bordés de beaux *Cacalia petasites* sous lesquels l'eau disparaît aux regards.

Une épaisse végétation couvre le sol qui manque tout à coup, et la Dore lancée par dessus le rocher tombe brisée dans l'abyme.

Les parois de la cascade sont la station favorite du *Hieracium lividum*.

C'est au-dessus de ces marais, dans des pentes de gazon assez humides, que Lamotte découvrit en 1856 le *Carex vaginata*, lequel n'avait pas encore été signalé en France. On sait que, depuis, il a été trouvé dans les Alpes, notamment au Lautaret.

Nous nous dirigeons sur le Puy Ferrand, qui vient, pour la hauteur, immédiatement après le Sancy, et après avoir traversé sa crête gazonnée, nous commençons à descendre dans la vallée deChaudefour.

Des pentes, tantôt dénudées et abruptes, le plus souvent verdoyantes et fleuries, s'élèvent en amphithéâtre au-dessus d'un cirque de pâturages, qu'arrosent de nombreux ruisseaux dus à la fonte des neiges ; les trachytes se dressent en colonnes, en obélisques, en aiguilles fantastiques ; les caux tombent en cascades des gradins supérieurs et forment la Couze qui se déroule dans la gorge où elle se replie et s'allonge comme un ruban de moire. Au bout de la vallée, le lac Chambon étend sa nappe tranquille non loin de Murols que dominent les ruines imposantes d'un château fort.

Ce paysage a tout à la fois de la grandeur et de la grâce.

Mes compagnons n'en pouvaient détacher leurs yeux et je mis à profit tout le temps que dura leur contemplation pour dresser l'inventaire des richesses de la montagne.

Presque toutes les plantes que nous avons rencontrées dans les pelouses et les rocailles, ou au bord des eaux, sont réunies sur les hautes pentes de la vallée de Chaudefour. D'autres espèces plus spéciales viennent encore s'ajouter à cette liste déjà longue et font de cette localité une véritable Terre Promise pour les botanistes qui explorent les Monts-Dores.

L'Aconit Napel, peu commun en Auvergne, y abonde, ainsi que l'*Hieracium aurantiacum*, dont les petits capitules, réunis par milliers, forment par places des tapis orangés sur lesquels on voit se détacher quelques Vératres blancs au feuillage plissénervé comme les feuilles de certains Palmiers.

Ailleurs c'est le *Crepis grandiflora* qui forme le fond, et le *Campanula linifolia* la broderie. Sur quelques points le *Bupleurum longifolium*, le *Thlaspi virens*, le *Vicia oroboidea*, le *Senecio doronicifolius*, le *Genista Delarbrei*, vivent en mélange dans les gazons ; et les *Saxifraga hypnoidea, Silene ru-*

pestris, Biscutella arvernensis, garnissent les rochers. Plus rarement on rencontre le *Pedicularis comosa*, le *Carlina nebrodensis*, le *Gnaphalium supinum*, le *Jasione humilis*.

La journée se passa à errer de ci, de là, dans les prairies, au bord des corniches de trachytes, sur les arêtes de gazon ; nous traversâmes le plateau de l'Angle, vaste nappe de basalte couverte d'herbe, mais pauvre au point de vue botanique. La nuit était tombée depuis longtemps quand nous rentrâmes à la Bourboule, par des sentiers entrelacés sur les pentes inférieures du Puy Gros et de la Banne d'Ordenche.

DE LA BOURBOULE A MUROLS ET A SAINT-NECTAIRE PAR VASSIVIÈRE, LE LAC PAVIN ET BESSE. — Un de mes voisins de table m'avait proposé la veille cette excursion, il l'avait faite l'année précédente et me la vantait beaucoup. Nous fûmes vite d'accord et le lundi matin 19 juillet nous partions au petit jour pour franchir le col du Sancy ; nous y fûmes accueillis par un vent violent contre lequel nous avions de la peine à nous tenir debout. La vue était étrangement belle, car le grand souffle du midi donnait à l'atmosphère une pureté inaccoutumée. Sous un dais de nuages gris très élevés dans le ciel, l'immense horizon se développait avec une netteté que n'altérait aucune des vapeurs produites ordinairement par la lumière et la chaleur solaires.

Cette transparence des couches aériennes nous donna le désir de voir encore une fois le panorama du Sancy. Le sommet n'est pas éloigné du col ; restait à savoir si nous pourrions en tenter l'escalade par un vent semblable.

Nous l'entendions rugir dans les rochers au-dessus de nos têtes, et aux premiers pas que nous essayâmes sur la pente, nous fûmes rudement secoués.

Cependant, à mesure que nous montions, sa violence, moins comprimée par les parois de la montagne, allait en diminuant. Au sommet, il était supportable et nous pûmes jouir du spectacle que nous étions venu chercher si haut, paisiblement assis sur le piédestal de la Croix.

Pendant que nous étions là, nous aperçûmes un robuste montagnard qui longeait d'un pas alerte le flanc du Puy Ferrand, un peu au-dessous du sommet, et venait dans notre direction. Arrivé au col, nous le vîmes subitement chanceler comme un homme ivre et marcher ensuite plié en deux, comme quelqu'un qui vient de recevoir un coup dans le ventre. Nous ne nous méprîmes pas sur la signification de cette pantomime variée, et nous en tirâmes cette conclusion consolante pour nous, que la traversée du col seulement nous exposerait aux fureurs de l'orage, et que plus loin nous serions relativement tranquilles.

Sur cette assurance, nous nous mîmes en route en ayant soin de nous tenir en arrière et un peu au-dessous de l'arête du col, ne prenant pied sur cette dernière qu'au moment de la franchir pour rejoindre le sentier de Vassivière.

Nous entrions là dans des parages moins agités et je pus reporter sur la Botanique l'attention qu'avait absorbée complètement le soin de notre stabilité.

Cette énorme croupe du Puy Ferrand présente une végétation peu variée et qui n'est que la répétition de la Flore du Sancy. Cependant on signale une plante rare, le *Jasione humilis*, qui y fleurit trop tardivement pour que j'aie pu le récolter au moment où je m'y trouvais.

Bientôt nous aperçûmes une des curiosités de notre voyage, le lac Pavin, lentille d'azur au fond d'un cratère arrondi. Il ressemble, vu de ces hauteurs, à une coupe à moitié vide.

Le point où nous étions parvenus marquait l'origine de deux vallées qui s'ouvraient à nos pieds de chaque côté d'un sommet de 1800 mètres formé de blocs de trachytes équilibrés au hasard. Cet entassement gigantesque s'élevait à quelque distance et nous abritait du vent. De larges plaques de neige marbraient encore çà et là les pentes de gazon, ou remplissaient de profonds ravins ; maint ruisseau, rompant, sous la chaude influence du vent du sud, sa prison de glace, s'élançait en bondissant dans les prairies auxquelles il apportait l'animation et la fécondité. La flore montagnarde s'épanouissait ici dans toute la fraîcheur de sa première éclosion, et bien que toutes les espèces qui s'y rencontraient nous fussent familières, leur réunion composait un tableau si frais et si gracieux que nos regards ne pouvaient s'en détacher.

Cet endroit nous parut disposé à souhait pour y dresser notre couvert. Un petit névé de quelques mètres de surface s'étendait à proximité, nous en fîmes notre cave et couchâmes dans un lit de neige la bouteille de champagne que nous avions apportée, ramenant avec sollicitude, jusqu'au cou de la dame, la couverture glacée que nous lui avions entr'ouverte ; puis prenant le rocher pour siège, pour nappe le gazon, dominant du Cantal aux Alpes et des Alpes au Forez un horizon de plusieurs centaines de kilomètres, nous fîmes un de ces déjeuners de touriste qu'on ne donnerait pas pour un dîner de roi.

Vassivière, où nous arrivâmes une heure après, est à 1300 mètres d'altitude. Il se compose d'une source, d'une chapelle et de deux auberges. La source guérit les malades, la chapelle contient une statue miraculeuse qui donne à la source ses vertus curatives, les deux auberges réconfortent les voyageurs et les pèlerins pour qui la prière et l'eau pure ne constituent pas une réfection suffisamment substantielle.

De naïfs ex-votos tapissent les murailles de ce sanctuaire très fréquenté durant la belle saison. Dans les prairies marécageuses qui s'étendent vers le sud, croît une plante rare de la flore de France, le *Ligularia sibirica* ; il y fleurit dans le courant du mois d'août.

De Vassivière une demi-heure suffit pour gagner le lac Pavin, qui se trouve sur le bord de la route et la domine d'une trentaine de mètres. Son déversoir forme une sorte de ruisseau tombant en cascades le long d'un talus rapide; après un parcours de quelques mètres seulement, il rejoint la Couze qui coule au fond de la vallée, dans la direction de Besse.

De hautes falaises, en partie boisées, forment autour du lac une ceinture verte interrompue par le ton gris des roches éruptives et des coulées de laves. Le bord supérieur du cratère s'élève d'une cinquantaine de mètres au-dessus des eaux, et celles-ci atteignent, dans le milieu de leur étendue, une profondeur de quatre-vingt-dix mètres. Les bords s'enfoncent sous l'eau par des pentes rapides ; parfois le rivage est même tout à fait accore. D'une rive à l'autre dans la plus grande largeur, on compte un peu plus d'un kilomètre et demi, et près de cinq kilomètres pour en faire le tour. L'eau est de ce bleu à teinte sombre, particulière aux lacs de montagnes et qui augmente avec leur profondeur.

Autrefois, quand la vue des grands phénomènes laissés à la surface de notre globe par les forces rivales qui s'en sont disputé l'empire, loin d'être pour les hommes un motif d'admiration et de curiosité, leur inspirait une sorte de terreur superstitieuse, de sombres légendes entouraient le lac Pavin comme d'un voile funèbre : hommes disparus, voix plaintives entendues la nuit sous les eaux, monstres effrayants, apparitions surnaturelles et toute la fantasmagorie que peut enfanter l'imagination frappée d'effroi. Dans un autre ordre d'idées, des géographes crédules le disaient sans fond, ajoutant que, lorsqu'on y jetait des pierres, il en sortait des vapeurs suivies d'éclairs et d'éclats de tonnerre, et qu'enfin nul être vivant ne pouvait habiter ses eaux mortelles.

Aujourd'hui, que nous apprécions plus favorablement la sauvagerie des sites de montagnes, que leurs rochers à pic, leurs gorges profondes, leurs cimes majestueuses, leurs torrents, leurs cavernes, leurs glaciers, bien loin d'être des objets d'horreur comme pour nos pères, réalisent à nos yeux la plus saisissante expression du sublime dans la nature, le lac Pavin reste une des curiosités les plus intéressantes de la Haute-Auvergne.

Enfermé entre ses hautes murailles rocheuses, loin de toute habitation humaine, il garde encore un aspect sévère ; mais des filets de pêcheur qui sèchent étendus sur la rive, une barque amarrée près du bord impriment à cette solitude un caractère de calme champêtre et de bonheur paisible.

Pour quelques pièces de monnaie, le batelier détachera sa barque et vous promènera sur ces abymes bleus, ou bien si vous êtes nageur et que le soleil vous ait tenu compagnie pendant plusieurs heures de marche pénible, faites comme nous, plongez-vous dans cette eau froide et vivifiante. Vous en sortirez singulièrement dispos et fortifiés.

Dans tous les environs on observe la trace des plus terribles embrasements ; partout ce sont des cratères éteints, tels que ceux du Creux de Souci, de Moussineire, de Bourdouze, etc. Le Creux de Souci est un puits profond d'une vingtaine de mètres dont l'ouverture est fermée par de grosses masses de laves contre-buttées et qui laissent entre elles des vides assez grands pour y laisser passer un vaisseau propre à puiser de l'eau. Ce puits est éloigné de 1400 mètres du lac Pavin et l'eau qu'on entend couler au fond semble courir dans la direction de ce dernier ; la température de cette eau est de 5° R.

Entre le lac Pavin et Besse nous traversons une lieue de landes stériles, coupées de petits bois de Hêtres. La grande Gentiane se montre en prodigieuse quantité dans les endroits découverts et forme des champs aussi pressés que des champs de blé.

A Besse, nous ne prenons qu'un instant de repos, car nous avons résolu de visiter les singulières grottes de Jonas, distantes de 5 kilomètres. Ces curieuses habitations taillées dans le basalte, forment une superposition de quatre étages ; on y remarque les dispositions faites en dernier lieu par les Templiers, en salles d'armes, cuisines, chapelles, réfectoires, écuries, etc., le tout très bien conservé.

Nous récoltons en route l'Absinthe (*Artemisia absinthium*) et le *Sedum micranthum*.

Nous remontons ensuite le chemin de Murols, qui domine une grande étendue de pays, sillonnée de vallées et de cours d'eau et peuplée de nombreux villages. Parfois de profonds ravins s'ouvrant dans le calcaire nous présentent une flore différente de celle du plateau ; la Digitale à petites fleurs, le *Peucedanum alsaticum*, le *Papaver hybridum* en sont les représentants les plus ordinaires.

Nous arrivons à Murols à la nuit, par une descente en lacets, qui nous donne l'illusion décevante que cette configuration produit habituellement sur le touriste et à laquelle celui-ci se laisse toujours prendre malgré son expérience. Le village nous apparaissait au fond de la vallée, à quelques minutes de marche seulement ; et cependant une heure se passa avant que nos jambes fatiguées nous eussent amenés aux premières maisons qui semblaient nous fuir à mesure que nous avancions. Cette descente nous parut plus longue à elle seule que les 50 kilomètres que nous avions faits dans toute la journée, et chaque pas se répercutait douloureusement dans nos membres harassés.

C'est à l'*Hôtel de Paris* que le sort nous jeta. Malgré les allures prétentieuses de son enseigne, cet établissement est une de ces bonnes auberges d'autrefois, comme je regrette de n'en plus guère rencontrer.

Bien vite on nous servit un bol de lait crémeux, une soupe fumante comme un cratère en activité et un petit vin rouge de la Limagne qui prenait dans les verres une jolie couleur grenadine. Ce repas rustique diversifiait agréablement le menu compassé, servi avec une solennité fastidieuse dans les grands hôtels de la Bourboule et du Mont-Dore. Nous aurions volontiers prolongé notre séjour sous ce toit hospitalier et simple si le programme de nos courses ne nous avait appeéls ailleurs.

Le lendemain matin, au lever du soleil, nous avions gravi la hauteur que couronnent les ruines du château de Murols ,dont le noir squelette domine la campagne environnante dans une attitude encore farouche et dominatrice.

Du haut des murailles démantelées on découvre une région bouleversée, couverte de monticules de scories noirâtres et stériles. Cette dévastation de la terre s'associant dans l'esprit à la destruction du manoir féodal, il semble qu'une même cause, un vaste cataclysme qui aurait passé récemment sur la contrée, a semé les débris des habitations des hommes sur ces territoires incendiés.

Mais quand on réfléchit aux différences d'origine de ces phénomènes, et quelle longue suite de siècles s'est écoulée entre leur apparition successive, quand on songe que ces laves, qui semblent être récemment sorties de la bouche du volcan, refroidissent là depuis plus de soixante siècles, tandis que cette ruine croulante à laquelle sa décrépitude assignerait l'origine la plus reculée compte à peine trois cents ans, on reste stupéfié de la fragilité des œuvres humaines qui vieillissent et disparaissent si rapidement au milieu de l'éternelle jeunesse de la nature, immuable pour ainsi dire dans la lente progression du temps.

Les réflexions philosophiques, pour mélancoliques que les fassent de semblables considérations, n'absorbent pas l'attention d'un botaniste au point de lui faire abandonner les plantes croissant sous ses yeux.

Je recueillis dans les ruines mêmes l'*Orobanche amethystea*, parasite sur le Panicaut, le *Dianthus caryophyllus*, naturalisé sur les murailles et sur le dyke volcanique qui leur sert de piédestal, des plantes communes dans la région : *Saxifraga hypnoidea, Cerastium arvense, Alyssum calycinum, Ribes crispum (Uva-crispa)* ; plus divers *Rubus* restés indéterminés.

Quelques parties du château sont assez bien conservées pour permettre d'en reconstituer la disposition générale ; elles montrent que les préoccupations belliqueuses primaient, dans ces temps troublés, la recherche du confort et de l'élégance.

Cependant, la fenêtre principale de la grande salle à manger encadre une scène naturelle, choisie et isolée avec une perfection artistique que ne surpasserait pas le plus habile de nos modernes paysagistes. Le lac Chambon s'y développe au premier plan avec ses îles de verdure et ses bords riants ; en arrière, la vallée de Chaudefour s'enfonce entre les croupes boisées du

Mont-Dore, jusqu'au pied des dykes élancés et des roches verticales qui lui forment dans le fond une infranchissable barrière. Quelques taches de neige blanchissent encore les hautes arêtes de roc ou de gazon dont les profils variés se découpent hardiment sur le ciel bleu.

Descendant la vallée dans la direction de Saint-Nectaire, j'explorai rapidement la surface tourmentée des coulées de lave dont les vagues solidifiées se couvrent peu à peu d'une végétation spéciale. Sur des pouzzolanes d'un noir intense, le *Sedum acre* étend ses gazons jaunes, interrompus par de larges touffes violacées de *Brunella grandiflora*; le *Jasione perennis* et le *Cerastium arvense* forment partout des tapis étendus que de grands *Verbascum nigrum* dominent de leur haute taille. Parfois on rencontre une Lunetière de dimensions réduites, c'est la forme que M. Jordan a dédiée au zélé collaborateur de Lecoq, le *Biscutella Lamottei*.

Quelques maigres bouquets de Pins (*Pinus silvestris*) se sont implantés sur les cônes de détritus et les couvrent tristement de leur verdure cendrée. Sous leur ombre nous récoltons le *Silene armeria* aux ombelles purpurines, et dans une prairie marécageuse, à l'ombre de petits taillis d'*Alnus glutinosa*, le *Dianthus superbus* étale sa corolle odorante aux pétales élégamment laciniés.

Nous aurions pu continuer de la sorte jusqu'à Saint-Nectaire, petite bourgade qui ambitionne de devenir aussi une station thermale, mais dont le vrai titre de gloire consiste à avoir donné son nom aux estimables fromages qui se fabriquent dans les vallées voisines.

Il y a quelques années on y trouvait plusieurs espèces de plantes que l'on rencontre ordinairement sur les bords de la mer et qui ne dédaignent pas de coloniser dans l'intérieur des terres, auprès des sources salines où elles trouvent la soude nécessaire à leur développement. Peut-être les travaux exécutés récemment pour réunir et utiliser les eaux des sources ont-ils fait disparaître, comme à Royat, cette florule aventureuse qui n'avait pas craint d'émigrer au centre des monts d'Auvergne à plusieurs centaines de kilomètres des rivages de l'Océan et de la Méditerranée.

La présence de ces plantes en cette localité démontre l'influence que la composition chimique du sol exerce sur la distribution des végétaux, et plus particulièrement, l'appétence de certaines espèces pour les sels de soude. A ce titre, il n'est pas sans utilité de rappeler leurs noms.

C'étaient : *Spergularia marginata, Trifolium maritimum, Glaux maritima, Plantago maritima, Triglochin palustre* et *maritimum, Glyceria distans,* et aussi l'*Apium graveolens,* lequel quoique moins exclusivement maritime que les précédents, recherche aussi les terrains salés.

Mais le lac Chambon et ses magnifiques ombrages, la masse imposante du Tartaret dont les flancs sont encore recouverts d'une couche de cendres rougeâtres nous attirent davantage que les curiosités de Saint-Nectaire-le-Haut et le-Bas.

Le Tartaret est le seul volcan moderne à cratère qui se trouve dans cette région de l'Auvergne ; son apparition est bien postérieure au premier soulèvement du massif du Mont-Dore. Sa période d'activité est probablement contemporaine de la présence de l'homme, et ses éruptions, comme celles du Puy-de-Dôme et des soixante volcans qui l'entourent, ont peut-être eu pour témoins les premiers habitants de la terre. C'est lui qui a construit le barrage de laves derrière lequel s'est formé le lac Chambon ; lui qui a couvert de ses déjections ces terres désolées dont l'aridité fait un si frappant contraste avec la plantureuse végétation des trachytes et des basaltes ; lui, enfin, qui a semé dans tous les environs ces milliers de bombes volcaniques que les touristes trouvent au milieu des laves.

Des bords du lac Chambon nous gravissons un peu au hasard des sentiers qui s'élèvent aux flancs des collines par delà lesquelles nous trouverons les déserts de la Croix-Morand. Une ancienne voie romaine nous conduit sur la belle route neuve qui va au Mont-Dore en franchissant le col de Dyanne.

La vue embrasse un horizon de plus en plus étendu.

Dans les marécages de la Croix-Morand, le *Sweertia perennis* ouvre ses étoiles d'un bleu triste, et sur les talus de la route le *Senecio adonidifolius* couronne de ses capitules dorées de petits buissons de verdure finement laciniée.

Mais le soleil est au plus haut du ciel, et dans ces déserts sans arbre, rien ne nous garantit de ses rayons. La marche est pénible. Nous allons abandonner les plateaux et aurons à gravir, pendant les heures les plus chaudes de la journée, les interminables lacets par lesquels la route contourne péniblement les flancs arrondis des Puys pour s'élever au col de Dyanne.

Néanmoins cette abondance de lumière et de chaleur répand sur ces paysages majestueux une sorte d'âpre poésie.

> Midi, roi des étés, épandu sur la plaine,
> Tombe en nappes d'argent des hauteurs du ciel bleu;
> Tout se tait. L'air flamboie et brûle sans haleine,
> La terre est assoupie en sa robe de feu.

Ces beaux vers ne pouvaient être mieux en situation, mais il paraît que le meilleur moyen de les goûter n'est pas de se placer dans un milieu qui vous en fasse vérifier l'exactitude, car en d'autres temps je les avais savourés plus délicieusement... à l'ombre.

Toutes ces montagnes que nous traversons se ressemblent. Ce sont des croupes arrondies, gazonnées de la base au sommet et qui laissent apercevoir dans les intervalles qui les séparent, d'autres montagnes également gazonnées et non moins arrondies; de nombreux troupeaux font la sieste aux flancs des vallons et participent à la somnolence générale du milieu du jour. Seul un petit ruisseau, qui coule sans qu'on le voie dans un lit de prairies au fond de la gorge, n'a pas interrompu sa chanson. Elle nous arrive aux oreilles joyeuse et fraîche et nous fait subir, sur notre route poudreuse et sèche, un véritable supplice de Tantale.

Heureusement, nous arrivions au sommet du col et le courant d'air frais qui le traverse nous rendit une atmosphère plus respirable. Nous commençâmes aussi à rencontrer des landaus qui emmenaient à Murols d'élégants visiteurs; ils paraissaient très étonnés d'apercevoir deux piétons en cet équipage et se demandaient sans doute quels crimes pouvaient bien expier ces malheureux, condamnés au sort du Juif Errant par une pareille température.

Importunés de nous voir l'objet de la commisération de ces braves gens, qui pour être assis n'en paraissaient pas moins grillés, nous prenons à droite de la route un sentier qui dévale à travers les prés et nous amène en quelques minutes d'une descente accélérée sous l'ombrage des derniers Sapins de la montagne. Un filet d'eau limpide coule à leurs pieds et abreuve leurs fortes racines. Nous nous asseyons et tirons de nos sacs les éléments d'un déjeuner réparateur.

Désormais il nous sera loisible de profiter de l'ombre des Sapins et de la compagnie des ruisseaux qui descendent bruyamment des sommets des Puys pour se briser dans un dernier saut au pied des parois verticales qui surplombent le fond de la vallée. La plus belle de ces cascades est celle de Queureilh, la hauteur de sa chute est de 30 mètres. L'eau s'élance du haut d'une coulée de basalte que tapissent d'un rideau mobile et tremblant les Saxifrages et les Fougères, et tombe d'un seul jet sur d'énormes blocs prismatiques qui gisent au fond du gouffre, semblables à des colonnes renversées.

L'endroit est ravissant de grâce et de fraîcheur, et c'est plaisir de s'asseoir au retour d'une longue excursion sur les débris de rochers ou les troncs de Sapin abattus, sièges et bancs naturels que la Providence met gratuitement à la disposition des touristes.

D'autres sièges et d'autres bancs, ouvrages plus parfaits d'une civilisation avancée, sont offerts aux élégants visiteurs dont la toilette trouverait dans les rugosités des premiers une menace de destruction trop évidente.

Un petit approvisionnement de liqueurs variées et de lait frais complète cette prévoyante installation.

Avec un peu de musique je me serais cru transporté à Rochecardon, un Rochecardon aristocratique, aux proportions grandioses, ombragé de forêts séculaires.

Comme la route de la Bourboule au Mont-Dore est constamment sillonnée de voitures, de cavaliers et d'omnibus soulevant à l'envi un beau nuage de poussière que nous voyons planer d'un bout à l'autre de la vallée dans le calme de l'atmosphère, nous n'hésitons pas à traverser la Dordogne pour atteindre sur la rive gauche les épaisses forêts de Sapins et de Hêtres qui s'étendent jusqu'à proximité de notre hôtel.

Nous rencontrons le long des sentiers le *Meconopsis cambrica* aux larges pétales fugaces, et l'Œillet de Montpellier aussi parfumé qu'un Œillet de jardin. Sur ces dernières conquêtes, nous rentrons pour dîner.

21 *juillet*. — Les longues marches des deux jours précédents nous avaient mis en état de goûter délicieusement une journée de repos passée à cheval, le long des chemins ombragés qui conduisent aux beaux sites de la Roche-Vendeix et aux cascades de la Vernière et du Plat-à-Barbe.

La première de ces excursions occupa notre matinée du 21. Ayant mis pied à terre au hameau de Fenestre, j'observai sur les bords du chemin : *Viola sudetica, Dianthus silvaticus,*

Luzula vernalis, Crepis virens, Leontodon autumnalis; plus haut dans les haies, le magnifique *Salix pentandra,* qui se signale de loin par ses longues feuilles luisantes.

Le long des ruisseaux fleurissent les *Epilobium palustre* et *obscurum, Hypericum quadrangulum, Cirsium palustre, Trifolium spadiceum,* et une Mousse bien fructifiée, le *Philonotis fontana.*

Dans les bois, les *Senecio sarracenicus, Prenanthes purpurea* et *muralis, Scabiosa silvatica, Impatiens penduliflora, Solidago virgata, Epilobium spicatum, Crepis biennis* et *paludosa, Sonchus Plumieri, Poa nemoralis, Campanula (Trachelium) urticifolia, Rubus idæus, Stachys alpinus* et *silvaticus, Saxifraga rotundifolia.*

Dans les lieux secs : *Calluna vulgaris, Sedum elegans.* Près des maisons de la Roche-Vendeix, le long d'une haie, croît en abondance le *Chærophyllum aureum,* et dans un champ inculte sur les pentes de la butte, *Malva moschata* et une forme de *Centaurea scabiosifolia* dont toutes les parties ont éprouvé un amoindrissement dans leurs dimensions ; la tige est grêle, peu rameuse, les feuilles à segments étroits, les capitules moins nombreux et beaucoup plus petits.

Sur la butte basaltique de la Roche se sont implantés le *Sarothamnus purgans,* le *Genista sagittalis,* et le *Festuca duriuscula ;* dans les fentes du rocher, le *Sempervivum arachnoideum* et le *Saxifraga aizoonia.*

On dit qu'au sommet de la Roche-Vendeix était construite une forteresse, repaire du fameux Aimerigot qui s'était surnommé lui-même le « Roi des pillards ».

Après déjeuner, nous nous acheminâmes en nombreuse cavalcade sur les rives de la Dordogne dans la direction des cascades.

Dans le lit de la rivière, parmi les cailloux roulés, je notai les *Chenopodium polyspermum, Ranunculus aquatilis* (forma *terrestris), Cerastium arvense, Epilobium roseum, Equisetum silvaticum, Stellaria uliginosa, Carex remota, Scirpus setaceus, Juncus Bufonius* et *Ranunculus hederaceus.*

Sur les bords d'un chemin ombragé, près d'une ferme où, d'après une affiche, on trouve du lait frais, le *Geranium phæum,* et un peu plus loin, à la jonction des chemins de la Vernière et du Plat-à-Barbe, le rare *Blitum glaucum,* qui mérite une mention spéciale.

On arrive au fond d'un étroit vallon dont les parois, se redressant de tous côtés, ferment complètement le chemin. Des gradins supérieurs tombe en large nappe un ruisseau descendu du Puy de Cliergues, c'est la cascade de la Vernière.

Sous les ombrages humides qui l'entourent s'est multipliée une abondante colonie de fleurs des bois : *Circœa alpina, Chœrophyllum hirsutum, Pulmonaria affinis, Luzula nivea, Sonchus Plumieri, Stellaria nemorum, Mœhringia trinervia, Impatiens penduliflora, Lonicera nigra, Rumex montanus, Lychnis silvestris, Asperula odorata, Sanicula europœa, Mercurialis perennis, Stachys alpinus* et *silvaticus*, etc., etc.

Pour aller de là au Plat-à-Barbe, on doit revenir sur ses pas jusqu'à la jonction des chemins ombragés de beaux Hêtres ; une plaque du Club alpin indique la direction à suivre. On peut remarquer dans les bois qui bordent la montée rocailleuse de beaux massifs de Sapins (*Abies pectinata*) et de Hêtres, bordés de *Sorbus aucuparia* et de *Sambucus racemosa* dont les fruits orangés ou cramoisis constituent à la fin de l'été une décoration charmante qu'envierait plus d'un parc.

Un autre arbuste vient dans cette station en grande abondance, c'est le Framboisier sauvage (*Rubus idœus*), mais on ne voit guère, et pour cause, ses baies parfumées et purpurines rougir la lisière des bois. En revanche, les doigts et les lèvres des promeneurs s'y teignent volontiers d'incarnat.

La cascade du Plat-à-Barbe, à laquelle on arrive bientôt, serait d'une contemplation difficile si un brave Auvergnat n'avait construit au versant de l'abyme, une sorte de balcon en planches d'où le regard peut embrasser la chute dans son meilleur aspect.

De toutes les cascades des environs du Mont-Dore, c'est la plus gracieuse et la mieux encadrée.

Après avoir traversé sur un chemin horizontal un coin de forêt magnifique, où les Sapins d'une prodigieuse élévation sont assez clair-semés pour laisser filtrer à travers leurs branches un jour timide et doux, on descend par un petit sentier au-dessus d'une crevasse étroite et profonde que le ruisseau de Cliergues emplit de vapeur, d'écume et de bruit. Les Hêtres et les Sapins, réunissant d'une rive à l'autre leurs têtes feuillues, forment au-dessus du ravin une voûte tremblante de la plus tendre verdure, à travers laquelle on aperçoit le ciel découpé en lambeaux d'azur: De plantureux tapis de Mousse revêtent les parois humides de la gorge, ne laissant nulle part à nu un pouce de terre ou de rocher. L'eau arrive par une échancrure profonde creusée dans le bloc qui lui barre la route, et, heurtée de côté par la paroi résistante du basalte, elle décrit un arc gracieux et descend en torsade d'argent le long du rocher qu'elle use de son éternel frottement; une vasque, en forme de plat à barbe, la reçoit tout écumante à peu de distance du bas de la chute et la rejette dans le profond bassin où toute cette agitation vient mourir sans en troubler jamais l'inaltérable pureté.

Les fleurs les plus gracieuses, les feuillages les plus ondoyants se balancent au vent de la cascade et entrecroisent leurs frêles réseaux sur les lourds tapis des Mousses humides.

Nous y avons vu abonder les *Saxifraga rotundifolia* et *stellaris*, *Circaea alpina*, *Maianthemum bifolium*, *Stellaria nemorosa*, *graminea* et *uliginosa*, *Geranium silvaticum*, *Pirola minor*, et plus tard, les beaux *Doronicum austriacum* et *cordifolium*, les *Sonchus Plumieri* et *alpinus*, le *Prenanthes purpurea*, et les grappes de corail du *Sambucus racemosa*, etc.

Au retour, la traversée de la Dordogne donna lieu à de graves contestations entre une écuyère et sa monture qui se trouvaient avoir, relativement à ce passage, des vues tout à fait opposées. Dans ce cas particulier ce fut au moins raisonnable de céder ; — c'est du cheval qu'il s'agit.

Le lendemain, me rendant aux sollicitations d'un aimable compagnon de l'hôtel, curé d'une des plus hautes paroisses du Cantal, je me décidai à l'accompagner dans son presbytère, au pied du Puy Mary, et à neuf heures du matin nous préludions aux ascensions futures que nous nous promettions d'entreprendre par l'escalade de l'impériale d'un des immenses omnibus qui font la correspondance du chemin de fer entre la Bourboule et Laqueuille.

Ces nouvelles courses feront l'objet d'un prochain récit.

Lyon, Assoc. typ. — F. PLAN, rue de la Barre, 12.